黄河流域生态保护和高质量发展理论文集

中共宁夏区委党校（宁夏行政学院）编

黄河出版传媒集团
宁夏人民出版社

图书在版编目（CIP）数据

黄河流域生态保护和高质量发展理论文集 / 中共宁夏区委党校（宁夏行政学院）编. —— 银川：宁夏人民出版社，2021.3

ISBN 978-7-227-07458-8

Ⅰ. ①黄… Ⅱ. ①中… Ⅲ. ①黄河流域 – 生态环境保护 – 宁夏 – 文集 Ⅳ. ①X321.243-53

中国版本图书馆 CIP 数据核字（2021）第 063647 号

黄河流域生态保护和高质量发展理论文集

中共宁夏区委党校（宁夏行政学院）　编

责任编辑　周淑芸

责任校对　陈　浪

封面设计　张　宁

责任印制　马　丽

 黄河出版传媒集团
宁夏人民出版社 出版发行

出 版 人　薛文斌

地　　址　宁夏银川市北京东路 139 号出版大厦（750001）

网　　址　http://www.yrpubm.com

网上书店　http://www.hh-book.com

电子信箱　nxrmcbs@126.com

邮购电话　0951-5052104　5052106

经　　销　全国新华书店

印刷装订　宁夏银报智能印刷科技有限公司

印刷委托书号　（宁）0020469

开本　720 mm × 1000 mm　1/16

印张　15.75

字数　200 千字

版次　2021 年 4 月第 1 版

印次　2021 年 4 月第 1 次印刷

书号　ISBN 978-7-227-07458-8

定价　42.00 元

目 录

黄河流域生态保护和高质量发展的战略意蕴

蒋文龄

摘要： 黄河流域生态保护和高质量发展已上升为重大国家战略，是黄河治理史上的一个里程碑，充分体现了根本性、全局性和系统性的战略意蕴。从根本上看，黄河流域生态保护和高质量发展是事关中华民族伟大复兴的千秋大计。从全局性讲，黄河流域生态保护和高质量发展事关我国经济社会发展和生态安全。从系统性说，统筹协调黄河流域"生态保护"和"高质量发展"是坚持问题导向和目标导向的科学抉择。

关键词： 黄河流域；生态保护；高质量发展；战略意蕴

习近平总书记指出，黄河流域生态保护和高质量发展同京津冀协同发展、长江经济带发展、粤港澳大湾区建设、长三角一体化发展一样，是重大国家战略。这一重大战略布局，着眼中华民族伟大复兴，着眼经济社会发展大局，着眼黄河流域岁岁安澜，是黄河治理史上的一个里程碑，充分体现了根本性、全局性和系统性的战略意蕴。

一、从根本性看，黄河流域生态保护和高质量发展是事关中华民族伟大复兴的千秋大计

实现中华民族伟大复兴中国梦，昭示着国家富强、民族振兴、人民幸福的美好前景，是全体中国人民的共同理想追求。历史和现实一再证明，生态兴则文明兴，生态衰则文明衰。

其一，黄河是中华民族的母亲河，孕育了灿烂辉煌的中华文明。黄河是中华民族永续发展的源泉所系、血脉所依、根魂所在。中华文明之所以能延续数千年，既得益于黄河流域所提供的广阔且易于耕种的土地，也与我们先人能较为合理地顺应和利用自然密切相关。在我国5000多年文明史上，黄河流域有3000多年是全国政治、经济、文化中心，孕育了河湟文化、河洛文化、关中文化、齐鲁文化等，分布有郑州、西安、洛阳、开封等古都，诞生了"四大发明"和《诗经》《老子》《史记》等经典著作。[1] 千百年来，九曲黄河，奔腾向前，以百折不挠的磅礴气势塑造了中华民族自强不息、刚健有为的民族品格。黄河是中华民族的重要象征，是中华民族精神的重要标志，是中华民族坚定文化自信的重要根基。

其二，"黄河宁则天下平"道尽了黄河安澜与国家民族命运息息相关。黄河穿越崇山峻岭，千折万转，是一条自然条件复杂、河情极其特殊的河流。"黄河西来决昆仑，咆哮万里触龙门"意味着黄河水流之湍急，"九曲黄河万里沙"意味着黄河流域水土流失严重。从历史上看，国家统一，国力强盛，黄河就能得到比较有效的开发和治理，黄河的安宁则使人民得以休养生息，国家繁荣昌盛。1946年，冀鲁豫解放区成立了黄河水利委员会，开启了人民治理黄河的新纪元。黄河70多年的安澜，新中国70年取得的辉煌成就，即是"黄河宁则天下平"最好的证明。"共同抓好大保护，协同推进大治理"，体现了习近平总书记对"黄河宁则天下平"这一规律的深刻把握，对黄河流域高质量发展的深入思考。

其三，治理黄河的历史也是一部治国史，事关中华民族的伟大复兴。水是人类文明赖以生存和发展的基础，治水是人类社会永恒的主题。从公元前 602 年到 1938 年的 2540 年间，黄河大堤共决口 1590 次，"三年一决口，百年一改道"是历史上黄河的真实写照，黄河下游频繁的洪水灾害给沿岸人民带来了深重灾难。在中国历史上，治国与治水始终紧密相关，黄河治理始终是历代执政者治国安邦的大计。管子曰："善为国者，必先除水旱之害。"新中国成立 70 年来，治理黄河的主要目标已从"除水害、兴水利"，转化为在防洪基础上进一步"实现水资源、水生态、水环境和谐友好，推进黄河流域高质量发展"。如果说传统社会的治水关系到民族生存和国家兴亡，那么新时代黄河流域生态保护和高质量发展则关系到中华民族的伟大复兴。

二、从全局性讲，黄河流域生态保护和高质量发展事关我国经济社会发展与生态安全

黄河流域是我国重要的生态屏障和重要的经济地带，是打赢脱贫攻坚战的重要区域，在我国经济社会发展和生态安全方面具有十分重要的地位。

其一，事关打造我国重要生态屏障。黄河流域是我国重要的生态屏障，是我国西北、华北地区的重要水源，从上游到下游，连通西北、华北和渤海，是一条连接了三江源、祁连山、汾渭平原、华北平原等一系列"生态高地"的巨型生态廊道，水资源和生态功能极为重要。但是，黄河一直体弱多病，水患频繁、洪水风险威胁较大、生态环境脆弱、水资源保障形势严峻、发展质量有待提高是黄河流域存在的突出问题。这些问题的存在，既有先天不足的自然因素，也有后天失养的人为因素，表象在黄河，根子在流域。筑牢黄河流域生态屏障，既有利于减少水土流失，改善水源涵养，确保黄河生态安全，推进黄河流域高质量发展，也有利于为全流域人民提供清新的空气、清洁的水源、洁净的土壤、宜人的气候等诸多生态产品。

其二，事关我国经济高质量发展。以经济建设为中心是兴国之要，遵循经济规律，推动经济高质量发展，是实现社会主义现代化强国的必然选择。黄河流域是我国重要的粮食生产核心区、能源富集区，是化工、原材料和基础工业基地，在全国经济社会发展和生态文明建设格局中具有举足轻重的战略地位。然而，随着全球气候变化和人类活动的无序拓展，黄河流域出现了水资源短缺、水环境污染、水资源开发利用率过高等问题，同时也出现了黄河流域与长江流域相比发展不平衡、黄河上中游七省区发展不充分等问题。黄河流域生态保护和高质量发展，有利于促进经济发展从"量"的积累转向"质"的提升。

其三，事关打赢脱贫攻坚战。坚决打赢脱贫攻坚战，让贫困人口和贫困地区同全国一道讲入全面小康社会是我们党的庄严承诺。由于历史、自然条件等多方面原因，黄河流域经济社会发展相对滞后，特别是上中游地区和下游滩区，是我国贫困人口相对集中的区域。全国 14 个集中连片特困地区有 5 个涉及黄河流域，且黄河流域有诸多承载生态功能的区域，这些区域与贫困人口分布高度重叠，打赢脱贫攻坚战的任务非常艰巨。黄河流域生态保护和高质量发展，既有利于解决好流域人民群众关心的防洪安全、饮水安全和生态安全等问题，也有利于贫困人口通过参与生态保护、生态修复工程建设和发展生态产业，提高经济收入水平，改善生产生活条件，提升自我发展的能力，建立长效脱贫机制，巩固脱贫攻坚成果。

三、从系统性说，统筹协调黄河流域"生态保护"和"高质量发展"是坚持问题导向和目标导向的科学抉择

黄河流域生态保护和高质量发展上升为国家战略，是有史以来有效协调黄河流域生态保护和经济发展关系的科学抉择，有利于实现黄河治理从被动到主动的历史性转变，必将对黄河流域长远发展产生历史性影响。

其一，"生态保护"和"高质量发展"在本质上和目标上是一致的。

从本质上讲，良好的生态环境既是生产力的要素之一，也是高质量发展的重要内容。高质量发展必然对环境保护提出新的更高要求，一切发展都是生态保护前提下的发展，一切破坏生态、影响保护的发展都称不上高质量发展。从目标上讲，高质量发展就是要以较少的资源能源消耗、环境代价来实现经济发展，目的在于满足人民对美好生活的需要，包括对优美生态环境的需要；而生态保护的目的在于提供更多更优质的生态产品，既能满足民众的需要，又能为经济社会的可持续发展打下基础。

其二，高质量发展是解决生态环境问题的治本之策。黄河流域之所以水资源供需矛盾日益加剧、生态环境退化、经济社会发展滞后，其根本原因在于没有理顺水资源、水环境、水生态与经济社会发展的关系，水生态系统与其他生态系统之间的关系，致使之前的水资源开发利用、生态环境保护策略存在短期性和局域性。而高质量发展则要着眼"千秋大计"，保持战略定力，运用战略思维，更加注重保护和治理的系统性、整体性和协同性，通过一系列重大工程措施与生物措施，形成上游"中华水塔"稳固，中游水土保持与污染治理有效，下游加快发展、促进生态宜居环境建设的整体格局。这种整体发展格局必然能够极大地缓解生态环境压力，有利于自然生态休养生息，有利于从根本上解决环境问题。

其三，生态保护是推动高质量发展的重要手段。黄河流域之所以出现工业、城镇生活和农业面源三方面污染，水资源利用粗放，农业用水效率不高，传统产业转型升级步伐滞后，内生动力不足等问题，其根本原因在于重经济建设、轻环境保护，在良好的生态环境本身就是生产力、良好的生态环境已成为稀缺性要素、生态环境保护与建设是国民经济的新增长点等方面缺乏系统全面的认识。治理黄河，重在保护，要在治理。要坚持山水林田湖草综合治理、系统治理、源头治理，共同抓好大保护，协同推进大治理不是就生态论生态，在于抓发展方式转变，抓区域经济布局和产业结构调整，抓新旧动能转换，推动高质量发展。

推动黄河流域生态保护和高质量发展是一项复杂的系统工程，绝非一日之功。这要求我们必须尊重自然规律、社会规律和经济规律，发挥我国社会主义制度集中力量办大事的优越性，牢固树立"一盘棋"思想，更加注重保护和治理的系统性、整体性和协同性，保持历史耐心和战略定力，以功成不必在我的精神境界和功成必定有我的历史担当，既要谋划长远，又要干在当下。

参考文献

[1]习近平.在黄河流域生态保护和高质量发展座谈会上的讲话.求是，2019(20).

[该文入选黄河流域党校(行政学院)学习贯彻黄河流域生态保护和高质量发展重大国家战略理论研讨会]

马克思主义区域发展观视域下的区域协调发展战略

——基于对黄河流域生态保护和高质量发展战略的分析

高兰芳

摘要：黄河流域生态保护和高质量发展战略是我国新时代区域协调发展战略的重大战略之一。区域协调发展战略继承了马克思主义区域发展观的实质内涵，黄河流域生态保护与高质量发展则进一步创新丰富了中国特色区域经济发展思想。这一战略既是进一步促进区域协调发展的内在需要，也是我国全面建成小康社会、实现共同富裕的必然要求，并且会为我国探索富有地域特色高质量发展新路子提供有益尝试。

关键词：马克思主义；区域发展；黄河流域；区域协调

党的十八大以来，在区域协调发展思想指导下，中国区域经济布局得到有效改善，区域发展的协调性明显增强。但是，当前面对中国区域经济分化仍有加剧的趋势，解决长期历史发展形成的区域经济发展不平衡、不充分问题，贯彻党的十九大报告提出的区域协调发展战略，需要以创新的思维进一步加强顶层设计，不断优化重塑空间格局。作为区域协调发展总战略下的重大区域性战略举措之一，黄河流域生态保护和高质量发展的提出，是马克思主义区域发展观在中国国家战略层面的又一重要实践途径。区域协调发展战略继承了马克思主义区域发展观的实质内涵，黄河流域生态保护与高质量发展则进一步创新丰富了中国特色区域经济发展思想。需要建立一系列长效机制加紧实施，从而与其他重大战略一起，推动形成优势互补高质量发展的区域经济布局，早日实现中国区域协调发展总目标。

一、马克思主义区域发展观与中国特色区域发展

区域经济问题从来就不是中国独有的问题。世界上大多数国家，特别是在经济快速发展的大国发展过程中，都曾不同程度地存在着各种各样的区域经济问题，而区域经济问题的核心是经济布局问题。所谓区域经济布局，是生产力各要素在区域经济中通过分工协作而呈现的在地域空间上的分布和联系状态。在马克思、恩格斯生活的时代，各种区域经济问题已经初显端倪，虽然他们没有明确提出区域经济理论，但他们在解释经济发展、分工与协作及生产力配置等问题时，就尝试从生产力布局等角度对区域经济发展进行了研究，提出了许多重要的思想观点，对社会主义国家如何解决区域经济问题提供了借鉴，也为中国提出区域协调发展总战略，谋划区域协调发展新思路奠定了理论基础。

（一）马克思主义区域发展观

1.区域分工与合作有利于促进区域经济健康发展

生产要素总是存在于一定地域空间并受到其制约，于是必定产生地域分工与协作问题。马克思、恩格斯认为，分工越是精细，协作就越是密切，分工与协作不单单包括各生产部门之间的，还包括区域经济的分工与协作。"各地域的自然条件的基础上进行的分工与协作，能够提高劳动生产率，解放和发展生产力。"[1] 产生地域分工的根本原因是自然、地理条件的差异，自然禀赋好的区域，一般都能实现更好的发展，因此也不可避免地造成各区域间社会经济水平的差异。而随着社会生产力的发展和科学技术的进步，在影响区域经济发展的因素中，社会因素逐渐超过自然因素成为主要原因，于是合理安排各生产部门在区域空间上的布局，就显得越来越重要。"把一定生产部门固定在国家一定地区的地域分工，由于利用各种特点的工场手工业生产的出现，获得了新的推动力。"[2]按照比较优势理论，国家通过合理安排生产部门，加强区域分工协作，发挥各区域比较优势，能够极大提高社会生产力。一方面，区域分工与合作有利于突破单个区域资源的限制，从而提高社会生产力；另一方面，每个区域都通过专门生产自己有优势的产品，去交换那些由自己生产代价很大的产品，可以节约更多的资源和时间，从而获得比较利益，总体上有利于提升生产效率，促进区域经济的发展。

2. 生产力合理布局是区域经济发展的重要原则

鉴于资源配置模式的重要性，马克思、恩格斯在谋划未来社会主义社会发展时，特别强调了生产力平衡布局的重要性。资本主义社会的生产资料私有制是造成区域经济发展不平衡的根本原因，而社会主义国家可以通过统一配置生产力，逐步消除区域发展差异。恩格斯在批判资本主义社会发展不平衡尤其是城乡之间发展不平衡时指出："从大工业在全国的尽可能平衡的分布，是消灭城市和乡村的分离的条件，所以这方面来说，消灭城市和乡村的分离，也不是什么空想。"[3]社会主义最大的优势是集中力量办大事。无产阶级夺取国家政权后，实行生产资料公有制，"社会生产内部的无政府状态将为有计划的自觉的组织所代替"[4]，因此注定会比资本主义社会有更高的宏观调控能力，能够通过合理布局生产力，克服生产力发展不均衡的现象，促进各地区协调发展。当然，恩格斯也指出："在国和国、省和省，甚至地方和地方之间总会有生活条件方面的某种不平等存在，这种不平等可以减少到最低限度，但是永远不可能完全消除。"[5]"平衡布局生产力"并不意味着"绝对平均分布"。这里所说的均衡布局生产力是在承认并且尊重差异的基础上，最大限度发挥每个区域的比较优势。

3. 实现共同富裕是区域经济发展的最终目的

共同富裕的提出和区域公平与效率问题的讨论息息相关。资本主义经济为实现区域发展的效率，往往以牺牲公平为代价，于是不可避免地要面对区域的失衡与差距问题。而区域共同富裕既是社会主义的内在要求，也是经济社会发展的目标。无产阶级运动与非无产阶级运动最根本的差别就在于其目的不同。马克思指出："过去的一切运动都是少数人的或者为少数人谋利益的独立的运动，无产阶级的运动是绝大多数人的、为绝大多数人谋利益的独立的运动。"[6]社会主义要实现区域空间上的平等与效率兼容，就必须考虑对空间的合理再分配，因此必须重视区域经济发展，注重实现区域内全体成员共享经济发展成果，实现共同富裕。

（二）中国特色区域发展思想的主要特征

1. 总基调：共同富裕、共享发展

我们党和社会主义制度的根本宗旨就是一切为了人民。毛泽东区域均衡发展战略思想主要体现在《论十大关系》中提出的"正确处理沿海与内地关系"中。在强调沿海与内地均衡发展的同时，毛泽东也提出要依靠沿海工业带动内地工业发展，以缩小两个区域间的差距。邓小平"两个大局"构想，尤其是关于"第二个大局"的论述中已经充分体现了"实现共同富裕是社会主义的本质要求"这一思想，其重要含义之一就是避免区域发展出现两极分化。邓小平指出："共同富裕的构想是这样提出的：一部分地区有条件先发展起来，一部分地区发展慢点，先发展起来的地区带动后发展的地区，最终达到共同富裕。"[7]以后几代领导人贯彻了这一全面发展、共同富裕的理念，一直把消除地区收入差距作为重要课题。习近平开门见山地指出："坚持以人民为中心的发展思想，把增进人民福祉、促进人的全面发展、朝着共同富裕方向稳步前进作为经济发展的出发点和落脚点"[8]，再一次谱写了中国特色区域发展理论的新篇章。

2. 辩证法：全国一盘棋，利用不平衡实现相对平衡

城乡二元结构是中国经济社会发展的最大特征，中国区域发展不平衡是经济二元结构在更大空间的表现。发展不平衡是市场这只"看不见的手"配置资源的直接结果，这是经济发展的客观规律。从不平衡到相对平衡的波浪式发展是事物发展的普遍规律，当然，单靠市场自发实现平衡将可能会是一个相当缓慢的过程，必须运用好"两只手"的共同力量。邓小平"两个大局"构想实际上就是要通过市场和政府的两只手共同作用，实现"全国一盘棋"。"沿海地区要加快对外开放，使这个拥有两亿人口的广大地带较快地先发展起来，从而带动内地更好地发展，这是一个事关大局的问题。内地要顾全这个大局。反过来，发展到一定的时候，又要求沿海拿出更多力量来帮助内地发展，这也是个大局。那时沿海也要服从这个大局。"[7]如果说第一个大局主要利用"看不见的手"，那么第二个大局则是主要靠"看得见的手"，即政府的力量。"两个大局"构想凸显了社会主义可以集中力量办大事的优势。习近平总书记曾一针见血地指出："不平衡是普遍的，要在发展中促进相对平衡。这是区域协调发展的辩证法。"[9]

3. 战略布局：因地施策，统分结合，动态调整

从新中国成立之初提出的"沿海""内陆"到"三大地带"的划分，到 2000 年以后的"西部、东北、中部、东部"等，再到"一带一路""京津冀、长江经济带、粤港澳、长三角、黄河流域"等，总体思路是按不同类型区域为主体的战略布局，随着区域发展面临的形势和问题不同，区域空间的范围和发展重点需做动态调整。这种组团式"切块发展"的理论和实践充分体现了共性与个性的对立统一，在大一统的国家内突出矛盾的特殊性，形成分工合理、特色明显、优势互补的区域经济布局，推动各地区共同发展。

二、新时代区域协调发展战略及其实践

党的十八大以来，在内外统筹、一体联动的动态思维指导下，以习近平同志为核心的党中央先后提出了京津冀协同发展、长江经济带发展、粤港澳大湾区建设、长三角一体化发展等重大国家区域发展战略，以此为引领，以西部、东北、中部、东部四大板块为基础，我国区域发展的联动和一体化效应得到有效发挥。

（一）深刻认识区域协调发展战略

1. 区域协调发展战略的提出

新中国成立以来，指导中国区域经济发展的战略思想经历了一个曲折探索的历程。我国学术界几乎一致认为，从新中国成立至 1978 年改革开放之前，国家采取了以缩小沿海与内地差距为基本目标的区域均衡发展战略。[10] 从 1978 年到 1999 年，指导我国区域发展的思想可以概括为"向东部沿海地区倾斜的非均衡发展战略"[11]。2000 年，以西部大开发战略的实施为起点，先后提出并实施振兴东北老工业基地战略、中部崛起战略、东部地区率先发展战略，由此确立了我国区域发展总体战略，由于其兼具非均衡发展和协调发展的特点，学者们通常概括为"非均衡协调发展战略"[10]。党的十八大以来，区域协调发展思想开始指导我国区域经济布局的实践，十八届五中全会提出了总要求："塑造要素有序自由流动、主体功能约束有效、基本公共服务均等、资源环境可承载的区域协调发展新格局。""十三五"规划纲要对推动区域协调发展进行了部署。2017 年，党的十九大报告将区域协调发展进一步上升为国家战略，标志着我国进入了实施区域协调发展战略的新阶段。

2. 区域协调发展战略的丰富内涵

正确认识区域协调发展战略的内涵特征是科学实施这一战略的基本前提。我国区域经济发展涉及的区域、问题不同，因而目标导向也不同。当前的区域协调发展，从区域来看，既包括东部、南方发达地区，也包

括西部、北方欠发达地区。发达地区面临着资源短缺、人口膨胀、产业转型等问题，欠发达地区面临着要素流失加剧、公共服务低下、市场机制不足等问题。从问题类型来看，既包括长期存在的城乡差距、区域差距，也包括新型城镇化及城市病、乡村振兴及乡村病，还包括区域间重复建设和恶性竞争、区域开发秩序失衡、资源浪费及生态环境损害等问题，这些都是我们认识区域协调发展战略内涵特征的重要依据。从基本要求来看，2018 年，中共中央、国务院颁布的《关于建立更加有效的区域协调发展新机制的意见》中明确提出要"实现基本公共服务均等化、基础设施通达程度比较均衡、人民基本生活保障水平大体相当"[12]。中国国土面积辽阔，资源禀赋千差万别，加之生产要素的不完全流动性、经济活动的不完全可分性及不同的距离成本，导致不同的区域在经济发展过程中形成了不同的区位优势、资源优势和经济优势，区域的发展差距将长期存在。因此，我们必须深刻认识到，区域协调发展并非无限制地缩小城乡地区差距，而是将基本公共服务均等化、人均财政支出、人均居民收入等作为重要指标，将促进地区间差距适度可控、开发合理有序、比较优势发挥、分工协作有力、公共服务大致均等、居民生活水平大体相当等作为实现区域协调发展战略的可行性目标，并随着我国现代化建设的不断推进，动态调整区域协调发展战略实施的阶段性目标。[13]习近平总书记在谈到区域协调发展时也强调："不能简单要求各地区在经济发展上达到同一水平，而是要根据各地区的条件，走合理分工、优化发展的路子。"[9]新时代区域协调发展战略的目标导向不在于强调传统意义上的经济增长速度，而是强调人民生活水平大体相当。这一认知突破了以往从生产或产出的角度考察区域发展的局限性，标志着区域协调发展的认知提升到新阶段。

（二）新时代区域协调发展战略的实践

1. 形成新格局：内外统筹与一体联动相结合

党的十八大以来，习近平总书记高瞻远瞩地提出了"一带一路"建设、京津冀协同发展、长江经济带发展、粤港澳大湾区建设等重大区域发展战略。"一带一路"建设有助于我国构建全方位开放新格局，发挥对"西部大开发的带动作用"，强化中西部地区的"战略支撑"作用和东部地区的"龙头引领"作用；京津冀协同发展着眼于优化空间格局，实现三地优势互补；长江经济带发展有助于构建"东西双向、海陆统筹的对外开放新格局"，促进城市群互动发展；粤港澳大湾区建设致力于打造国际一流湾区和世界级城市群，促进港澳与内地协调发展。以重大战略为引领，以四大板块为基础，促进国家战略区域融合发展，集中体现了以习近平同志为核心的党中央在区域协调发展中的内外统筹、一体联动的动态协同思维。在国家重大战略引领下，区域发展政策叠加效应日益凸显，我国沿海沿江沿线经济带为主的纵向横向经济轴带正在逐步形成。

2. 培育新动能：经济增长与绿色生态相结合

在新发展理念的指引下，生态文明建设上升到前所未有的高度。习近平总书记提出并一再强调的"绿水青山就是金山银山""山水林田湖草是一个生命共同体""共抓大保护、不搞大开发"等理念，为推进区域协调发展提供了行动指南。中央根据区域主体功能定位，因地制宜地引导各地合理确定经济社会发展目标，制定实施差别化的区域政策，初步形成了主体功能清晰、区域优势互补、人与自然和谐共生的新格局。针对当前区域发展不足这个主要矛盾以及总量质量都亟须提高的严峻形势，各地普遍着眼于绿色经济的提质增效，通过绿色发展形成协同创新的现代产业体系，实现区域总量质量的双提升。

3. 开创新局面：整体推进与重点突破相结合

在以京津冀协同发展等重大战略为引领，深入实施区域发展总体战略的同时，以攻坚脱贫为重点，大力扶持特殊类型地区发展，补齐区域协调发展的短板，实现了整体推进与重点突破相结合。党的十八大以来，党中央大力支持革命老区、民族地区、边疆地区、贫困地区加快发展，完善革命老区的支持政策，促进革命老区发展振兴；加大民族地区转移支付力度，推动民族地区健康发展；强化基础设施互联互通，推进边疆地区开放开发；加大力度支持贫困地区摆脱贫困，通过"中央统筹、省负总责、市县抓落实"的工作机制，全面推进贫困地区精准扶贫和精准脱贫。正因为坚持整体推进与重点突破相结合，统筹沿海地区和欠发达地区发展，才保障了区域发展的长远性和有效性。

三、基于区域协调发展的黄河流域生态保护和高质量发展战略

新时代实施区域协调发展战略是一项战略性和系统性工程，既要制定分阶段的重点任务，持续推进久久为功，[12]更需要根据区域发展的新趋势，在实践中不断调整支撑社会经济发展的主要空间布局和框架结构，形成既最大限度覆盖全国所有区域，又形成主线清晰重点明确的高质量发展格局。黄河流域是我国重要的生态屏障和重要的经济地带，是打赢脱贫攻坚战的重要区域，在我国经济社会发展和生态安全方面具有十分重要的地位。作为区域协调发展战略下的重大区域性发展战略之一，黄河流域生态保护和高质量发展战略的提出，既是进一步促进区域协调发展的内在需要，也是我国全面建成小康社会、实现共同富裕的必然要求，更会为我国探索富有地域特色高质量发展新路子提供有益尝试。

（一）形成优势互补、高质量发展的区域经济布局

1. 促进区域间相互融通补充

京津冀协同发展对标北京、天津、河北，以雄安新区开发和建设为契机，以疏解北京非首都功能为重点，率先在交通、生态、产业三个重点领域实现突破，探索人口经济密集区域优化发展新模式。长江经济带发展坐标云南、四川、贵州、重庆、湖南、湖北、江西、安徽、江苏、

浙江、上海，包括经济发达省区、经济落后省区及中部地区，以"共抓大保护、不搞大开发"为引领，推动上中下游三大城市群之间和流域不同发展层级区域之间的协调互动，走生态优先、绿色发展之路，承载着发展理念的深刻变革。粤港澳大湾区的重点在于形成三个地区之间的整体发展框架，成为我国助推"一带一路"建设、参与全球经济竞争的重要发动机和增长极。长三角一体化发展战略在于更高质量的一体化发展和协同创新。

从以上几大区域发展战略的布局可以明显看出，在提出黄河流域高质量发展之前，国家整个空间发展架构主要支撑是由长江经济带横向轴带和沿海地区纵向轴带构成，而作为我国以"两屏三带"为主体的生态安全战略格局的重要组成部分——黄河流域，则似乎被遗忘在了国家重大发展战略规划中。面对我国南北经济分化的新态势，亟须在国家层面构建与长江经济带并行，能够支撑黄河流域东中西互动和高质量发展的区域发展战略，从而形成覆盖全国大部分区域、互相呼应、优势互补的区域空间新布局，因此，黄河流域生态保护和高质量发展战略的提出，可以说是应势而出。

2. 统筹发达地区和欠发达地区发展

黄河流域横跨我国的东中西部三大区域，区域内经济发展水平差距较大，目前的经济社会发展呈阶梯状分布：上游落后，中游崛起，下游发达。从全国区域板块来看，黄河上游部位，也就是黄河流域的西部省区，尤其是甘肃、宁夏、青海，整体位于"胡焕庸线"西北侧，2018 年地区生产总值分别为 8246.10 亿元、3705.18 亿元、2865.23 亿元，位列全国地区生产总值的 27 位、29 位和 30 位，构成了事实上的西北经济塌陷区。而黄河流域的中东部地区经济发展水平较好，如河南省和山东省，2018 年地区生产总值分别为 48055.90 亿元和 76469.70 亿元，位列全国地区生产总值的第 5 位和第 3 位。从黄河流域之间看，相比较黄河中游的关中城市群、晋陕豫黄河金三角、中原城市群和下游的山东半岛城市群、黄河三角洲高效生态经济区，黄河上游地区的落后更加明显。从生产总值看，黄河下游东部的山东省比黄河上游西部的青海省高了 25.69 倍。从某种程度上可以说，黄河流域省份之间经济差距大成为中国区域发展不平衡、不充分问题的一个缩影。因此，在既有区域发展战略中增加黄河流域生态保护与高质量战略，能够促进国家中部（原）整体实现崛起和黄河下游发达地区实现新旧动能转换、高质量发展，缩小贫困落后的西北地区与中东部地区的发展差距，加快促进西部大开发形成新格局，从而整体进入高质量发展新阶段，这是贯彻区域协调发展战略的重要举措。

（二）实现共同富裕，坚定文化自信

1. 打赢脱贫攻坚战的主战场

党的十九大报告在部署区域协调发展战略中专门提出，要加大力度支持革命老区、民族地区、边疆地区、贫困地区快速发展。黄河流域属于多民族聚居地区，少数民族人口占黄河流域人口的十分之一，多聚居在黄河中上游地区，如青海、甘肃、宁夏、陕西、内蒙古等地区，同时这些地区很多又与革命老区、贫困地区等叠加，面临贫困人口较多、贫困面广、贫困程度深、返贫率高的问题，是我国贫困人口的主要集中区域，成为脱贫任务的重点攻克区。我国提出到 2020 年全面建成小康社会的目标，黄河上中游和下游滩区涵盖的区域恰恰就是精准扶贫、精准脱贫的短板地区，时间紧、任务重，亟须国家政策的扶持。实施黄河流域生态保护和高质量发展战略，有利于建立长效脱贫机制，巩固脱贫攻坚成果，实现共同富裕，有利于维护社会稳定，促进民族团结，实现中华民族大家庭繁荣稳定发展。

2. 坚定文化自信的重要根基

黄河被称为中华民族的母亲河，不仅是指其在自然物质意义上的供养和支撑，而且是指其在文明形态意义上的演变和进化。黄河中下游地势平坦，水土肥沃，非常适合人类聚居，滋养了中国最早的主要部落，是中华民族的摇篮，是中华文明的重要发祥地，是农业文明的核心发源地。黄河流域是中国历史上三千多年的政治、经济以及文化发展的中心，郑州、西安、洛阳、开封等城市是历史古都，陕西、甘肃、宁夏等省区，也曾是古丝绸之路的黄金主干道。黄河流域具有独一无二的文化优势，孕育了多元文化，如丝绸之路文化、始祖文化、长城文化、河湟文化、仰韶文化、马家窑文化、中医药文化等不胜枚举。因此，推动黄河流域高质量发展，不仅有利于推进黄河文化遗产的系统保护，更能深入挖掘其蕴含的时代价值，还可以结合地区优势和开放联动，实现经济、文化、产业、基础设施建设和生态保护的全面发展，再现丝绸之路的千年辉煌，是坚定文化自信的重要根基。

（三）积极探索富有地域特色的高质量发展新路子

1. 探索分类发展之路，守住黄河流域生命线

生态环境保护是黄河流域高质量发展的首要战略重点和生命底线。正如习近平总书记所讲，"黄河生态系统是一个有机整体，要充分考虑上中下游的差异"。[14]从生态保护角度来看，以三江源、祁连山、甘南地区为重点，黄河流域上游承担水源涵养的生态功能，需要加快环境治理与生态修复，改善环境矛盾，协调自然与经济发展的冲突，增强高质量生态产品供给能力。而中游的重点任务是要突出抓好水土保持和重点区域污染治理。有的地方要加强水库建设管理，修筑旱作梯田，治沙防洪，同时应激发水利枢纽工程的多重优势与功能；有的地方则要以自然恢复为主，宜山则山，宜水则水，减少人为干扰，逐步改善局部小气候。对汾河等污染严重的支流，则要下大气力推进治理。黄河流域下游是重要的河流湿地和生物栖息地，必须加固堤坝，修复生态机制，保护和提高生物多样性。黄河流域主要农业生产区则要恢复天然植被的生产能力，

退耕还林还草，减轻自然压力，推进现代农业的结构优化，推进供给侧改革，生产绿色化、集约化的优质产品，提高资源利用率和循环能力，使用清洁、可再生能源，注重节能减排，嵌入集约化、绿色化生产方式，并促进生产效率的提高。区域中心城市要进行经济结构的优化升级，大力发展创新型经济和新经济，实施创新驱动战略，推进再工业化，建立现代化的经济体系。实现"沿黄各地区要从实际出发，宜水则水、宜山则山，宜粮则粮、宜农则农，宜工则工、宜商则商"[14]的目标。

2. 探索协同发展之路，构建黄河高质量发展的动力系统

要"牢固树立'一盘棋'思想，更加注重保护和治理的系统性、整体性、协同性"[14]。只有实现了保护和治理的"三性"，才能保证黄河流域的生态效益、经济效益、社会效益、政治效益最大化。无论是加强生态环境保护，保障黄河长治久安，还是推动经济高质量发展，弘扬黄河文化，都需要把黄河流域作为一个有机整体考虑，坚持河江联动、河海联动、河陆联动[15]。一方面，要推进黄河沿线省区、城市的优势互补和有机联动。加强黄河流域九省区的合作与交流，打破行政区划限制，冲破行业限制，消除产业趋同化，加强产业协作和产业互补。同时，以黄河流域城市间合作为基础，以互利共赢为主题，成立沿黄城市合作发展促进会，构建由沿黄城市组成的黄河流域城市联合体，形成以黄河为纽带、以城市为载体、以产品为核心、以市场为导向、以互利合作为前提的区域联动和产业联动新局面，积极推进黄河流域的产业一体化、市场一体化和基础建设一体化。另一方面，要发挥黄河流域参与建设"一带一路"扩大对外开放的作用。发挥山东港口优势，发挥郑州航空港经济综合试验区、郑州自贸区、关中城市群、西安自贸区的核心带动作用，促进两种资源、两个市场的深度交流，吸引国外先进技术和优质资本，促进经济的新一轮增长。

参考文献

[1]马克思恩格斯选集：第一卷[M]. 北京：人民出版社，2012：263

[2]资本论：第一卷[M]. 北京：人民出版社，1995：409-410

[3]中共中央编译局. 无产阶级革命家论社会主义[M]. 西安：陕西人民出版社，1991：127

[4]马克思恩格斯选集：第四卷[M]. 北京：人民出版社，1995：633

[5]马克思恩格斯选集：第三卷[M]. 北京：人民出版社，2012：349

[6]马克思恩格斯人权理论及其当代价值[M]. 北京：人民出版社，2007：97

[7]邓小平文选：第三卷[M]. 北京：人民出版社，1993：373、277

[8]中共中央文献研究室编. 习近平关于社会主义经济建设论述摘编[M]. 北京：中央文献出版社，2017：31

[9]习近平. 推动形成优势互补高质量发展的区域经济布局[J]. 求是，2019（24）

[10]吴振明. 新中国区域经济发展70年回顾[J]. 经济研究参考，2019（15）

[11]肖金成，安树伟. 从区域非均衡发展到区域协调发展——中国区域发展40年[J]. 区域经济评论，2019（01）

[12]中共中央 国务院关于建立更加有效的区域协调发展新机制的意见[EB/OL]. http://www.gov.cn/xinwen/2018-11/29/content_5344537.htm

[13]高国力. 新时代背景下我国实施区域协调发展战略的重大问题研究[J]. 国家行政学院学报，2018（03）

[14]习近平. 在黄河流域生态保护和高质量发展座谈会上的讲话[J]. 求是，2019（20）

[15]蔡之兵. 协同合作推动黄河流域高质量发展[N]. 河南日报，2019-09-25

［该文入选黄河流域党校（行政学院）学习贯彻黄河流域生态保护和高质量发展重大国家战略理论研讨会］

黄河流域生态空间一体化保护和环境协同化治理探析

王丛霞

摘要： 生态环境基础薄弱已成为黄河流域高质量发展的瓶颈制约。黄河流域管理机构水行政管理权行使不充分，横向行政区域之间的"条块分割"现象较为严重，是黄河流域生态环境基础薄弱的主要原因之一。黄河流域自然生态各要素之间、各生态系统之间、自然生态系统与社会生态系统之间存在相互联系、彼此支撑的关系，客观地要求必须推进黄河流域生态空间一体化保护和环境协同化治理。要牢固树立以生态保护推进高质量发展的理念，协同推进黄河流域生态保护和环境治理，实行水资源开发利用的生态保护刚性约束，探索建立推动流域生态空间一体化保护和环境协同化治理的制度机制。

关键词： 黄河流域；一体化保护；协同化治理

习近平总书记指出，黄河流域生态保护和高质量发展同京津冀协同发展、长江经济带发展、粤港澳大湾区建设、长三角一体化发展一样，是重大国家战略。这一重大战略布局，是有史以来有效协调黄河流域生态保护和经济发展关系的科学抉择，是黄河治理史上的一个里程碑，有利于实现黄河流域生态保护和环境治理从被动到主动的历史性转变。

一、问题导向：黄河流域高质量发展的生态环境基础薄弱

黄河流域是我国重要的粮食生产核心区，能源富集区，化工、原材料和基础工业基地，在全国经济社会发展和生态文明建设格局中具有举足轻重的战略地位。然而，随着全球气候变化和人类活动的无序拓展，黄河流域与长江流域发展不平衡、黄河上中游七省区发展不充分等问题较为突出，生态环境基础薄弱已成为黄河流域高质量发展的瓶颈制约。

（一）水资源、水环境、水生态功能、水灾害问题突出

其一，水资源短缺，开发利用程度较高。黄河流域以占全国 2%的水资源量承载了 15%的耕地和 12%的人口。目前，黄河流域的水资源开发利用率高达 80%，远超国际公认的 40%生态警戒线。在生产方式、气候变化等因素的影响下，黄河流域水资源整体呈现明显衰减趋势，将进一步加剧流域水资源短缺问题。其二，部分地区水污染形势严峻。伴随着能源化工和沿河工业的高速发展，流域水污染治理难度加大，水污染风险较高。2018 年，黄河 137 个水质断面中，劣 V 类水占比达 12.4%，明显高于全国 6.7%的平均水平。[1]其三，流域水生态功能损害严重。从生态系统的结构和功能来讲，结构的紊乱必然导致功能的丧失。由于水土流失面积较大、生态流量难以保证、地下水严重超采、水沙关系不协调等问题的普遍存在，造成河势变化剧烈且不稳定，两岸生态用地受到威胁，生物栖息生境损害，生态廊道功能发挥受限。其四，流域水安全风险不断加剧。沿河分布的高环境风险企业众多，加之河道无序开发利用，致使防洪抗旱安全风险提高、水资源情势不确定因素增加。以上问题的存在，既有先天不足的自然因素，也有后天失养的人为因素。

（二）生产用水、生活用水挤占生态用水的现象较为严重

黄河流域在我国整体生态安全体系中的地位极其重要且不可替代。从上游到下游，是一条连接了三江源、祁连山、汾渭平原、黄淮海平原等一系列"生态高地"的巨型生态廊道，生态战略地位极其重要。但是，

从目前流域的经济社会发展情况来看，煤炭、有色金属等对生态环境压力较高的行业企业数量众多，水资源过度开发利用，局部生态退化和环境污染交织，流域生态系统所提供的资源环境支撑已不堪重负。以黄河中上游的宁夏为例，由于发展的层次偏低、经济结构偏重、能源利用偏煤、产业布局偏散，多数企业处在产业链的前端、价值链的低端、创新链的末端。重工业增加值占比达到89.8%，高于全国25个百分点，服务业增加值占比低于全国4.3个百分点，对经济增长贡献率低于全国10.1个百分点。[1]产业结构资源型、重型化、单一性的特征，致使宁夏水资源开发和利用的矛盾非常突出。宁夏自有地表水资源量非常有限，黄河水资源开发利用的压力很大。即使加上黄河水利委员会每年分给宁夏的40亿立方米的用水指标，宁夏的人均水资源占有量仍不到全国平均水平的1/3，资源性、工程性、水质性缺水问题都比较严重。在水资源严重紧缺的情况下，经济发展与生态保护"争水"现象十分突出，生态用水被挤占现象较为普遍。

（三）"绿水青山"转化为"金山银山"的通道仍然不畅

"既要绿水青山，也要金山银山。宁要绿水青山，不要金山银山，而且绿水青山就是金山银山。"这句论述是习近平生态文明思想的核心内容，是对经济发展与环境保护辩证关系的生动表述和理性取舍。这一思想，源于实践、植根实践，又指导实践、引领实践，在"矛盾"中找到了"统一"之法，在"对立"中找到了"转化"之机，在"两难"中找到了"双赢"之路。但是，在现实中，却存在着竭泽而渔式的单纯增长和缘木求鱼式的单纯保护两种片面的做法。黄河流域分布着诸多具有重要生态服务功能的区域，这些区域与贫困人口分布高度重叠，全国14个集中连片特困地区有5个涉及黄河流域。受制于交通不便、经济基础薄弱、体制机制不顺等因素，黄河流域的旅游产业、工业经济、服务经济整体还不发达，"绿水青山"转化为"金山银山"的通道仍然梗阻，生态保护的压力尚未减缓。在面对生存与生态的选择时，选择生存无疑是理性选择，但是，个体的理性会造成集体的非理性。实践证明，如果守不住绿水青山，如果绿水青山不会变为金山银山，如果绿水青山暂时变不成金山银山，老百姓难免会照旧毁林毁草，滥用水资源，本就脆弱的生态环境则难以承受不合理生产方式的重负，势必影响到黄河流域的高质量发展。

二、原因分析：黄河流域生态空间保护和环境治理的协同性不够

黄河流域高质量发展的生态环境基础薄弱的问题表象在黄河，根子在流域。经过多年的机构设置调整和行政体制改革，目前，我国在重要流域水资源治理上基本形成了流域管理与行政区域管理相结合的水行政管理体制。所谓流域管理，具体是指"国家以流域为单元对水资源实行的统一管理，包括对水资源的开发、利用、治理、配置、节约、保护以及水土保持等活动的管理，以实现水资源的永续利用"[3]。

（一）黄河流域管理机构水行政管理权行使不充分

黄河水利委员会是我国最先明确的流域管理机构，在管理、治理黄河流域水资源方面发挥着主要作用。黄河从发源地到入海口流经九个省区，地方政府也承担着部分水行政职能。水利部授权黄河流域管理机构行使管理权，但是，管理事务一旦与其他政府部门的目标矛盾时，其水行政管理权很难完全行使。原因在于基于流域的整体利益，黄河管理采取流域垂直管理方式。黄河管理机构作为水利部的派出机构，在水利部的授权下行使黄河流域管理职能。而沿黄九省区政府代表的是地方利益和局部利益。在发展的过程中，不可避免地出现整体利益和局部利益不协调、不一致的情况。黄河管理机构从全局利益出发，照顾全流域的共同发展，实行统一调水，分配给每个省区的水量不同。地方政府着眼于区域经济社会发展，很难兼顾黄河水资源的平衡和生态安全，难免出现违规引水问题。虽然我国 2002 年《水法》第十二条规定"国家对水资源实行流域管理与行政管理相结合的管理体制",第十五条规定"流域范围内区域规划应当服从流域规划"。但是,当管水与用水产生矛盾、流域规划与区域规划衔接不畅、流域管理和区域管理出现冲突时,黄河管理机构不是一级政府机构,没有行政执法权和强制权力,无权处置企业的违法违规排污问题,即使下发处罚通知也难以真正执行。而地方政府为了自身经济发展,地方保护主义思想严重,则会阻挠黄河管理机构对企业的处罚。具有处罚实权的各级政府生态环境部门对污染企业的处罚也是蜻蜓点水,致使黄河水污染越来越重。

(二)横向行政区域之间的"条块分割"现象较为严重

黄河流域上下游、左右岸归属于不同行政区域管辖,水资源、水环境和水生态由不同职能部门管理,使得流域生态环境治理呈现"条块结合、以块为主、纵向分级、横向分散"的碎片化特征。一方面,黄河干流流经9个省区,形成了横向行政区域之间的"条条分割"。虽然黄河流域很早就设置流域管理机构,但是,流域管理与行政区域管理相结合的管理体制并没有完全理顺,流域管理主体与区域管理主体之间的权责关系并未理清。各个省区作为流域的治理主体,更多地考虑区域发展和区域利益,不免出现利益博弈。另一方面,在现行流域管理体制下,按照流域的构成要素,黄河流域生态环境管理职能分属于生态环境部、水利部、交通部、自然资源部等多个部门,形成"九龙治水"格局。存在部门之间"管水量的不管水质,管水源的不管供水,管供水的不管排水,管排水的不管治污"等分割管理的问题。[1]多头管理,政出多门,极易导致在权力和利益面前,各管理部门相互争夺;在问题和责任面前,各管理部门相互推诿甚至不作为等问题。

三、思路举措:推进黄河流域生态空间一体化保护和环境协同化治理

治理黄河,重在保护,要在治理。黄河流域自然生态各要素之间、各生态系统之间、自然生态系统与社会生态系统之间存在相互联系、彼此支撑的关系,客观地要求必须推进黄河流域生态空间一体化保护和环境协同化治理。

(一)牢固树立以生态保护推进高质量发展的理念

黄河流域的生态保护和高质量发展是有机统一的整体,是一个问题的两个方面。其一,"生态保护、环境治理"和"高质量发展"本质上、目标上是一致的。良好的生态环境本身就是高质量发展的重要内容,高质量发展对生态保护、环境治理提出了新的更高要求。一切发展都是生态保护、环境治理前提下的发展,高质量发展的目的在于满足人民对美好生活的需要,内在地包括对优美生态环境的需要,这必然需要生态保护、环境治理才能实现。其二,高质量发展是解决生态环境问题的治本之策。高质量发展更加注重保护和治理的系统性、整体性和协同性。这种整体发展格局必然能极大地缓解生态环境压力,有利于自然生态休养生息,有利于从根本上解决环境问题。其三,生态保护、环境治理是推动高质量发展的重要手段。黄河流域之所以出现工业、城镇生活和农业面源三方面污染、水资源利用粗放、农业用水效率不高、传统产业转型升级步伐滞后、内生动力不足等问题,其根本原因在于重经济建设、轻环境保护,对良好的生态环境本身就是生产力、良好的生态环境已成为稀缺性要素、生态环境保护与建设是国民经济的新增长点等问题缺乏系统全面的认识。生态保护推进高质量发展理念的树立,既有利于奠定经济发展的基础,又有利于促进经济发展从"量"的积累转向"质"的提升。

(二)协同推进黄河流域生态保护和环境治理

黄河流域生态系统的整体性以及流域生态服务功能的公共性,决定了黄河流域生态环境治理必须打破传统行政区域和部门的界限,开展协同治理。其一,加强顶层设计,优化生态空间布局。必须坚持"山水林田湖草综合治理、系统治理、源头治理,统筹推进,加强协同配合"的方针和"共同抓好大保护，协同推进大治理"的原则。明确黄河流域"三区""三线"，明确上中下游生态空间布局、生态功能定位、生态保护目标。从实际出发，宜水则水、宜山则山，宜粮则粮、宜农则农，宜工则工、宜商则商。其二，推进空间管控、系统修复和源头治理。以国土空间规划体系为有效载体，推进流域空间资源的合理保护和有效利用，优化空间结构，提升空间效率。以恢复、稳定和提升生态功能为核心，实行山水林田湖草系统保护修复。以构建绿色低碳循环的现代化产业体系为导向，从源头上缓解污染排放和生态破坏压力。其三，科学系统评估，因地制宜分类施策。开展黄河流域山水林田湖草等生态空间和生物、湿地、滩区等生态资源的摸排，实地调研城市布局、产业发展、能源结构、交通结构和用地结构的整体状况，对生态系统受损情况和环境污染现状进行科学评估。分阶段、分地域稳步有序实施综合保护和修复治理。要充分考虑上中下游的差异，上游要以三江源、祁连山、甘南黄河上游水源涵养区等为重点，推进实施一批重大生态保护修复和建设工程，提升水源涵养能力；中游要突出抓好水土保持和污染治理，有条件的地方要大力建设旱作梯田、淤地坝等，有的地方则要以自然恢复为主，减少人为干扰，对污染严重的支流，要下大气力推进治理；下游的黄河三角洲要做好保护工作，促进河流生态系统健康，提高生物多样性。

（三）实行水资源开发利用的生态保护刚性约束

据世界水资源理事会统计，在全世界 200 多个国家和地区中有 100 多个国家严重缺水，28 个国家和地区极度缺水。预计到 2025 年，全世界有 48 个国家超过 28 亿人口将面临水资源短缺问题。水资源刚性约束趋紧，节水不仅是中国的问题，已经成为关系人类生存、关系地球"健康"、关系各国永续发展的重大命题。要贯彻"以水定地、以水定城、以水定产、以水定人"的水资源管理原则，有多少水办多少事，有多少汤泡多少馍，落实资源开发的生态保护刚性约束。具体来讲，要强化资源节约和环境保护，促进流域绿色发展和协调发展。以保护资源、保护生态、保护环境为核心，促进经济社会优布局、控规模、调结构，推进黄河保护对流域经济社会发展的倒逼转型。例如，三江源、祁连山等生态功能重要的地区，应把保护生态，涵养水源，创造更多更优质的生态产品作为其主要功能。河套灌区、汾渭平原等粮食主产区要发展现代农业、节水农业，提升农产品的品质，为保障国家粮食安全作出应有贡献。区域中心城市等经济发展条件好的地区要集约发展，提高经济和人口承载能力。贫困地区要提高基础设施和公共服务水平，全力保障和改善民生。总之，就是要利用有限的水资源，平衡好保护和发展、当前和未来、区域间和行业间的需求。

（四）探索建立推动流域生态空间一体化保护和环境协同化治理的制度机制

与国内其他河流与流域不同，特有的自然气候、地形地貌、经济社会特征决定了黄河流域水资源治理任务的艰巨性、复杂性和长期性，也决定了探索适合黄河流域特点的治理机制的必要性。其一，制定综合性的《黄河保护法》。要实现黄河流域生态环境治理主体之间有效、充分协同，必须将黄河流域生态环境协同治理纳入法治化轨道，形成完善的协同体系，以法律法规促进协同治理。从黄河流域生态系统的整体性出发，统筹考虑流域上下游、左右岸协同发展，制定一部综合性的《黄河保护法》，把水资源利用、水污染防治、渔业、防洪、港岸、交通、景观等方面问题一体化考虑，统筹水资源配置、生态环境保护、国土空间开发、产业转型省级、脱贫攻坚等。目前，《中华人民共和国长江保护法（草案）》首次提请全国人大常委会会议审议，这意味着制定一部专门保护黄河的法律势在必行。其二，建立健全黄河流域生态补偿机制。国家可建立黄河流域水资源合理配置的价格机制，根据市场供需、供水成本、丰枯季节适时、灵活调整供水价格，逐步建立和完善黄河生态补偿机制，特别是省内流域上下游横向生态补偿机制，以及统筹水量和水质的上下游补偿机制。其三，建立生态产品价值实现机制，打通"两山"转化通道。生态产品价值是指一定空间单元内的由其生态系统所提供的各类生态产品与服务价值的总量。建议开展黄河流域生态资产核算，为国家实施针对性的财政转移支付提供科学依据。立足黄河中上游的生态资源优势，因地制宜发展生态旅游、生态科考、生态康养等生态产业，破解生态保护与贫困交织循环的难题，真正让"绿水青山"转化为"金山银山"。

推进黄河流域生态空间一体化保护和环境协同化治理，是一项复杂的系统工程，绝非一日之功。必须尊重自然规律、社会规律和经济规律，牢固树立"一盘棋"思想，更加注重保护和治理的系统性、整体性和协同性。

参考文献

[1]习近平.在黄河流域生态保护和高质量发展座谈会上的讲话[J].求是，2019（20）

[2]宁夏统计年鉴 2019

[3]徐荟华.流域管理中的公众参与问题[J].前沿，2004（3）

[4]徐雅婕.黄河水资源协同治理研究[D].河南师范大学，2017（6）

[该文入选黄河流域党校（行政学院）学习贯彻黄河流域生态保护和高质量发展重大国家战略理论研讨会]

黄河流域高质量发展的空间治理研究

——以宁夏为例

杨丽艳

摘要：建设黄河流域生态保护与高质量发展先行区是国家赋予宁夏的时代重任。从空间治理的视角来看，宁夏的空间经济环境特征集中体现为经济空间与生态资源空间的不平衡，具体表现为面临资源刚性约束、空间开发失调、基础设施与沿黄城市群发展滞后、产业关联不足等。因此，有必要从分类治理、系统治理和协同治理的空间治理角度出发，在区域内完善分工体系和政策体系的基础上，从高质量的空间治理体系的视角推动宁夏高质量发展。

关键词：宁夏；黄河流域；高质量发展；空间治理；协同治理

2019 年 9 月，习近平总书记在河南郑州主持召开黄河流域生态保护和高质量发展座谈会，提出"治理黄河，重在保护，要在治理"。2019 年 12 月，习近平总书记在《求是》发表的重要文章《推动形成优势互补高质量发展的区域经济布局》中强调，"要根据各地区的条件，走合理分工、优化发展的路子，落实主体功能区战略，完善空间治理，形成优势互补、高质量发展的区域经济布局"。这表明，构建现代化的空间治理体系，已经成为黄河流域生态保护和高质量发展战略的重要组成部分。2020 年 6 月，习近平总书记在宁夏视察时，对宁夏提出要努力建设黄河流域生态保护和高质量发展先行区，这说明，现代化的空间治理也是推动黄河流域高质量发展的重要内容。

一、黄河流域高质量发展的空间治理逻辑

现代化的国家治理体系既包括按产业或领域实行的自上而下的纵向治理，也包括按不同空间单元实行的空间治理。高质量发展既包括产业的高质量发展，也包括空间的高质量发展。空间治理是指根据不同空间的主体功能定位，通过资源的空间配置实现国土空间的有效、公平和可持续利用，以及各地区间相对均衡的发展。它强调的是将绿色发展理念和协调发展理念有机结合，与传统的治理模式相比，空间治理是一种更加强调人口、经济、资源环境的空间均衡的治理模式。流域空间治理的关键是统筹流域内经济社会发展和水环境保护的关系，保证空间的可持续发展。黄河流域空间治理具有以下几个方面的特征。

（一）治理理念：体现绿色发展理念

绿色发展是一种以效率、和谐、持续为目标的经济增长和社会发展方式。与传统工业化发展理念相比，绿色发展不是简单否定传统工业化发展模式，更不是简单的节能减排和保护生态环境的问题，而是对传统工业化发展模式的改造与提升。绿色发展理念强调生产要素不仅包括劳动力、资本和技术，而且还包括生态环境；在生产成本中不仅有经济成本和社会成本，还有生态成本；在分配过程中，不仅劳动、资本、技术等要素可参与分配，生态环境也可以参与分配。在绿色发展理念下，流域的空间治理就是将生态要素、生态成本和生态产品纳入整个经济系统，将绿色发展理念贯穿于经济发展和现代化治理的全过程中。

（二）治理目标：注重空间协调发展

传统的经济增长理论认为，经济中最终产品只有工业品和农产品，而在基于空间发展的价值取向下，经济中不仅有工业品和农产品，还有生态产品。这就要求我们在空间发展上既要考虑农业空间和工业空间，也要重视生态空间。因此，空间协调发展是经济发展在空间层面的拓展和延伸，是财富扩张、自然再生和成果共享的有机统一。具体来说，空间协调发展既追求经济发展，也追求可持续发展，更追求人的全面发展，是三个方面发展的平衡。对于黄河流域而言，在不同地区应根据其区域主体功能的不同，提高不同产品的供给能力是区域治理的重点。

（三）治理模式：突出多元协同共治

流域是一个有机整体，流域上下游特征的不同及负外部性的特征，决定了流域生态环境治理尤为困难。2019 年 9 月，习近平总书记在河南郑州主持召开的黄河流域生态保护和高质量发展座谈会上指出，黄河流域的问题"表象在黄河，根子在流域"。黄河流域上下游、左右岸归属于不同的行政区域管辖，水资源、水环境和水生态由不同职能部门管理，使得流域生态环境治理呈现"条块结合、以块为主""纵向分级、横向分散"的碎片化治理特征。这种碎片化治理不符合流域生态环境的整体性和系统性，极大影响了治理成效，这就要求黄河流域生态环境治理必须打破传统行政区域和部门的界限，开展多元协同治理。多元协同治理不再将政府作为唯一的治理主体，而是强调政府、企业、社会组织和公民的共同参与，在合作方式上可以采取正式制度和非正式制度相结合的多样化组织方式，核心目标是推进互信合作、减少冲突，实现各主体的激励相容，真正实现协同推进大治理的目标。

二、宁夏推动高质量发展的空间经济环境特征

从宁夏所处的流域位置来看，属于上游地区；但从宁夏所承担的生态功能来说，更多体现的是中游的特征，即承担着水土保持和污染治理的功能。因此，宁夏推动高质量发展，从空间治理的角度来说，首先要分析宁夏在整个黄河流域中的经济环境特征。

（一）宁夏在黄河流域中的空间经济特征

参照水利部黄河水利委员会划定的自然流域范围，选取近 20 年黄河流域九省区的地区生产总值和人均地区生产总值作为区域经济发展的指标，对宁夏在黄河流域的空间经济特征进行分析。

从地区生产总值占全国的比重来看，宁夏的区域经济发展特征与黄河流域整体发展既有相同之处，也有不同之处。相同之处是都在最近的 20 年走出了一条从快到慢的倒 U 形曲线，不同之处是具体时间节点上不完全一样。从黄河流域的整体情况来看可分为两个阶段：第一阶段的 1999—2010 年，是黄河流域经济的加速成长期，黄河流域的发展要快于全国平均水平，占全国 GDP 的份额从 24.02% 提升到 28.66%；第二阶段的 2010—2019 年，黄河流域的发展则慢于全国平均水平，占全国 GDP 的份额从 28.66% 下降到 25.05%，下降了 3.61 个百分点。从宁夏的具体情况来看：第一阶段是 1999—2015 年，占全国 GDP 的比重从 0.29 上升到 0.42，上升了 0.13 个百分点；第二个阶段是 2015—2019 年，占全国 GDP 的份额从 0.42% 下降到 0.38%，下降了 0.04 个百分点。（详见表 1）

表 1　黄河流域各省区 GDP 占全国比重的变化　　　　单位：%

地　区	1999 年	2000 年	2005 年	2008 年	2010 年	2015 年	2019 年
山　东	8.27	8.42	9.87	9.63	9.55	9.18	7.19
河　南	4.99	5.1	5.69	5.61	5.63	5.39	5.49
山　西	1.84	1.86	2.27	2.28	2.24	1.86	1.72
陕　西	1.76	1.82	2.11	2.28	2.47	2.63	2.61
内蒙古	1.52	1.55	2.10	2.64	2.84	2.6	1.74
宁　夏	0.29	0.30	0.33	0.37	0.41	0.42	0.38
甘　肃	1.06	1.06	1.04	0.99	1.00	0.99	0.88
四　川	4.03	3.97	3.97	3.92	4.19	4.38	4.72
青　海	0.26	0.27	0.29	0.32	0.33	0.35	0.30

资料来源：《中华人民共和国统计年鉴 2019》和 2019 年各省区统计公报。

从人均 GDP 来看，宁夏和黄河流域整体一样，经济发展水平普遍低于全国平均水平。从 2019 年的人均 GDP 来看，全国人均 GDP 的平均水平是 70892 元，黄河流域九省区全部低于全国平均水平，其中人均 GDP 最高的山东是 70653 元，低于全国平均水平 239 元。从宁夏的情况来看，2019 年宁夏人均 GDP 为 54217 元，是全国平均水平的 76.48%，在黄河流域 9 个省区中排名第六位，仅高于甘肃、青海和山西。

从空间发展模式来看，宁夏已经初步形成了"点—轴"模式的经济布局。目前，宁夏已经初步形成了以银川为区域中心城市、固原为副中心的区域经济增长的"点"。2019 年，银川市的地区生产总值占全区的 54.02%，集聚效应较为明显；黄河干流的沿黄城市群，集中了全区 66% 的人口、80% 的城镇和 82% 的城镇人口，创造了全区经济总量的 82.4%、财政收入的 94%，生产了 74% 的粮食，形成了区域经济增长的"轴线"，这也是宁夏经济发展最主要的区域空间特征。

（二）宁夏推动高质量发展的生态环境特征

宁夏是我国历史悠久的传统农耕区，生态环境对宁夏的发展具有显著的影响。整体来看，宁夏地处中国西北地区东部、黄河上游，东、西、北三面分别被毛乌素、腾格里、乌兰布和三大沙漠（地）包围。宁夏又是一个干旱少雨、缺林少绿、生态环境十分脆弱的省区，全区 80% 的地域年降雨量在 300 毫米以下，生态环境极为脆弱。作为唯一一个全境属于黄河流域的省区，宁夏要建设黄河流域生态保护和高质量发展先行区，不仅要保护和改善生态空间，还要对全区的自然资源进行合理开发和利用，贯彻绿色发展和协调发展的理念，对全区生态环境进行特色发展和科学治理。从流域的角度来说，重点是要体现水资源和水环境两个方面，因此主要从这两个方面对宁夏建设黄河流域生态保护和高质量发展先行区的生态环境特征进行分析研究。

1. 从水资源总量来看，水资源非常匮乏

宁夏全域降雨稀少，蒸发强烈，全区平均年降水量为 300 毫米，不足黄河流域平均值的 2/3 和全国平均值的 1/2；年平均水面蒸发量 1250 毫米，是降水量的 4 倍以上，是全国水面蒸发量较大的省区之一。宁夏年平均水资源总量约为 10 亿立方米，为全国平均值的 7%左右。以 2018 年为例，由于较往年降水量平均偏多 34.9%，属于丰水年，全区水资源总量为 14.669 亿立方米。水资源的严重匮乏对宁夏建设黄河流域生态保护和高质量发展先行区形成了较为明显的生态资源约束。

2. 从水资源的使用情况来看，水资源的使用效率低下

宁夏经济发展高度依赖黄河水，全区用水总量的 90%左右来自黄河。以 2018 年为例，全区供水总量 66.167 亿立方米，其中黄河水源占总供水量的 88.0%，地下水源占 9.3%，当地地表水源占 2.3%，非常规水源占 0.4%。在总取水量中，农业取水量为 56.298 亿立方米，占总取水量的 85.08%；生态取水量 2.219 亿立方米，占总取水量的 3.35%；工业取水量 4.344 亿立方米，占总取水量的 6.57%；生活取水量 3.306 亿立方米，占总取水量的 5%。可以看出，在水资源总量短缺的情况下，宁夏的水资源使用呈现明显的农业用水主导的特征，受农业用水和工业用水的挤压比较严重，宁夏的生态用水占比较低，仅为 3.35%，远低于黄河流域 7%的平均水平。与此同时，宁夏的水资源综合利用效率与全国平均水平相比，也存在一定差距。2018 年，宁夏人均综合用水量 962 立方米，是全国平均水平的 2.23 倍；万元 GDP 用水量 179 立方米，是全国平均水平的 2.68 倍；农业亩均用水量 627 立方米，是全国平均水平的 1.72 倍。不合理的用水结构和低效率的水资源使用率也给宁夏的生态治理带来了较大的困难。

3. 从水环境的质量来看，还有待进一步提高

2019 年，宁夏地表水水质总体为轻度污染，主要污染指标为化学需

氧量、总磷和氟化物。全区地表水Ⅰ～Ⅲ类水质占 56.4%，低于全国 74.9%的平均水平。黄河干流宁夏段水质为优，9 条黄河支流水质总体为中度污染，8 个沿黄重要湖库水质总体为轻度污染。11 个地级城市集中式饮用水水源地水质达到Ⅲ类标准的比例为 81.8%。21 条主要入黄河排水沟水质总体为中度污染。

综上所述，宁夏的经济分布和生态环境特征充分体现了对黄河的依赖，尤其是从水资源的情况来看，宁夏的水资源严重不足，而且存在水资源使用过度开发和工农业用水对生态用水的挤压等问题。宁夏推动高质量发展的空间治理，要基于各区域不同的主体功能分别治理，要高度重视水环境保护与水资源的合理开发，以实现黄河流域的高质量发展。

三、宁夏推动高质量发展的空间制约因素

目前，宁夏推动高质量发展在空间层面还存在诸多制约因素，具体体现在以下几个方面。

（一）资源环境的刚性约束

宁夏的经济布局大量是依靠黄河水资源和能源资源的利用进行安排的，导致资源环境刚性约束矛盾突出。宁夏是资源性、工程性、水质性缺水问题交织在一起，长久以来不科学的生产生活方式与资源开发方式，又使得宁夏境内的水土流失现象比较严重，水污染现象层出不穷，而水资源的匮乏和水污染的问题又进一步导致全区生活、生产、生态用水供需矛盾加剧，对水资源的过度开发已经突破有限的水资源系统承载能力。宁夏的农业灌溉水占比高，占生产用水的 89.5%，远高于 63%的全国平均水平，全区大部分地区大水漫灌；工业高耗水项目多，全区万元 GDP 耗水量 178.6 立方米，在沿黄九省区中排倒数第一位；城市水资源浪费大，城市公共供水管网漏损率高达 11%，严重制约了经济的高质量发展。与此同时，宁夏的产业结构资源型、重型化、单一性的特征明显，导致环境污染与水资源过度开发利用交织在一起，加大了建设黄河流域生态保

护和高质量发展先行区的难度。综合来看，宁夏的经济、资源、生态和
环境的耦合较为复杂，经济社会可持续发展的环境刚性约束特征明显。

(二) 基础设施与沿黄城市群发展滞后

宁夏地处内陆腹地，对外交通运输通道不畅的问题比较突出，尤其
是在铁路方面，至今还没有高铁经过宁夏，加重了区域间资源要素的低
成本流动，也影响着区域外部资源要素的集聚，制约了宁夏文化旅游等
产业资源优势的发挥。与此同时，一个区域的经济增长与增长极强大的
增长动力有关，尽管宁夏已经初步形成了沿黄城市群，并围绕城市群发
展经济，核心—边缘的区域经济结构已经初步成型，但相较于黄河流域
的成渝城市群、关中平原城市群和中原城市群来说，宁夏沿黄城市群的
经济增长动力明显不足，在科技进步、产业结构、经济规模、对外开放
程度等方面缺乏辐射带动全区及周边地区进一步发展的动力，对建设黄
河流域生态保护和高质量发展先行区产生了一定的制约。

(三) 区域间产业关联与分工不足

宁夏各地区之间产业关联性弱，未能形成有效的区域分工体系。宁
夏煤炭储量丰富，是全国煤炭和电力最主要的生产基地与供应基地，由
此也逐步形成了以煤炭采掘及煤化工、火力发电、有色冶金以及相关产
业为主的重化工业体系，这种重化工业体系在宁夏的沿黄四市呈现相同
的特征，其中石嘴山市的重工业比重高达 90% 以上。由于各地区之间的
分工体系不足，导致各地区之间的经济关联和互补性较弱，不利于实现
专业化效率的提升，对建设黄河流域生态保护和高质量发展先行区形成
了比较大的阻碍。

(四) 空间治理的政策体系不完善

按照生产空间集约高效、生活空间宜居适度、生态空间山清水秀的
总体要求，宁夏在全区范围内划定了"三区三线"(生态、农业、城镇
空间和生态保护红线、永久基本农田保护红线、城镇开发边界)，作为空

间治理的基础性工作已经完成，并走在了全国前列。但从目前的情况来看，宁夏只是提出了三类空间的比例结构、开发强度、适建范围与使用原则等。三类空间的治理方式差异很大，没有相应的差异化的治理措施，没有出台与之匹配的政策体系和管理制度，导致后续的空间治理难度加大，这也成为建设黄河流域生态保护和高质量发展先行区的一个重要制约因素。

四、宁夏推动高质量发展的空间治理路径

基于黄河流域高质量发展的空间治理逻辑，结合宁夏推动高质量发展的空间制约因素，从空间功能分类、空间结构优化、空间组织网络、区域分工体系构建等方面提出宁夏推动高质量发展的空间治理路径。

（一）大力实施基于主体功能区的分类治理

宁夏推动高质量发展必须考虑空间地理环境的差异，通过主体功能分类，提高区域空间分工程度和专业化效率。一是坚持生态优先，提高中南部地区生态产品的供给能力。宁夏中部地区是荒漠草原防沙治沙区，要在坚持科学管理、尊重自然、顺应自然、保护自然的原则前提下，充分发挥沙区光热、土地等资源优势，因地制宜发展沙区特色种植、深加工和沙漠旅游，合理开发利用沙区资源，培育沙区特色产业，实现由防沙之害向用沙之利的转变。宁夏南部山区是黄土丘陵水土保持区，要积极推广彭阳小流域综合治理和隆德渝河治理经验，推进旱作梯田和淤地坝改造提标，对小流域综合治理、坡耕地综合整治、淤地坝除险加固，稳步提升生态产品的供给能力。二是聚焦特色农业，提高宁夏北部灌区优质农产品保障能力。宁夏北部灌区是国家 12 个重要商品粮生产基地之一，同时这里也是宁夏特色农产品的聚集区，要加快建立现代农业产业体系、生产体系、经营体系，在保证粮食安全的基础上，持续提供高质量的农产品。三是树立精明增长理念，提高沿黄城市群经济和人口承载能力。按照习近平总书记 2015 年 12 月在中央城市工作会议上强调的要坚持集约发展，树立精明增长、"紧凑城市"的理念，要用足城市存量空间，加强对现有社区的重建，加强集聚程度，提高区域的空间经济和人口的承载力，逐步实现人口、经济和环境三者之间的协调。四是补齐短板，提高贫困地区基础设施和公共服务水平。要加大对贫困地区基础设施建设的投入力度，促进基本公共服务均等化，基础设施通达程度比较均衡，人民生活水平大体相当，最终实现空间发展中人的全面发展。

（二）大力实施基于空间结构优化的系统治理

宁夏推动高质量发展必须要树立系统思维，统筹人口、土地与水资源的关系，更加突出对"地"的空间优化配置和对"人"的生产生活行为管控，共同形成水陆统筹的流域空间综合治理格局，实现系统治理。从水资源方面来看，针对宁夏水资源十分有限的现实，空间治理要以水资源和水环境的承载力为基石，合理确定城市发展规模，优化各地区产业结构，实现"以水定城、以水定地、以水定人、以水定产"，降低工农业用水对生态用水的不合理挤压，提高用水的使用效率。从土地空间来看，要严格落实已经确定的城镇空间、农业空间、生态空间和生态保护红线、永久基本农田保护红线、城镇开发边界，强化用途管制，提升资源环境承载能力。国土空间开发的着力点也应从不断扩张开发空间和建成区面积，转为调整和优化空间结构布局，提高土地资源使用效率，防范生产生活空间对生态空间的"挤压"和不良影响，不断优化城市、农业、生态空间结构，不断优化工业、居住、公共服务、基础设施的空间结构。在空间管控和空间优化的基础上，通过资本、劳动力和人力资本等要素的区域转移与合理流动，进一步提高资源的空间配置效率，实现人口、土地与水资源关系的协调。

（三）大力实施基于组织间网络的协同治理

要解决流域治理碎片化的问题，不能只靠单一的政府治理，必须实现由政府、企业、社会组织和居民共同参与的多元主体协同的空间组织治理模式，这种模式是基于组织间网络空间的协同治理。这就要通过成立跨区域、跨部门的综合统筹机构，将水资源开发和水环境治理的职能统筹起来，如成立协同治理领导小组，解决目前管理权分散导致的生态空间"公地悲剧"和"公共悖论"的问题，建立多层次、多类型的区域空间协同机制。与此同时，将政府、企业、社会组织和居民都纳入治理主体，就全区的防洪调度、水资源分配、生态补偿、重大工程建设、重大投资项目等事宜进行协商，实行民主和科学决策，实现空间治理中各主体的激励相容，加快推进黄河生态保护和高质量发展过程中的治理能力现代化。

（四）切实构建协调统一的区域分工体系

根据各地区自然特征和资源禀赋的不同，充分发挥比较优势，取代传统以行政区域为主导的经济组织方式，推进区域间产业的分工协作，实现经济发展与环境保护的有机统一。通过引导和扶持各地区发展替代产业，按照"一城一策"的基本思路，发挥银川市的龙头作用，带动石嘴山市、吴忠市、宁东基地融合发展，增强银川都市圈的承载力、辐射力。支持固原市建设区域中心城市、中卫市建设区域物流中心和全域旅游城市，打造带动高质量发展的动力源。要落实区域合作发展思路，强化宁东基地与太阳山园区等一体化发展，打通煤化工、石油化工、现代纺织产业链条，建设国内领先的现代煤化工基地。统筹运用资金扶持、综合奖补等激励措施，引导各地区企业向园区集中、资源向园区聚集，大幅提升园区的服务力、吸引力和聚合力。推进园区低成本化建设。加大批而未供和闲置土地处置，提高园区亩均投入产出效益。有效整治"散乱污"企业，分类处置"僵尸企业"。推行产业绿色化改造、资源循环化利用、企业清洁化生产，打造经济转型升级的强大引擎。

参考文献

[1]习近平.在黄河流域生态保护和高质量发展座谈会上的讲话[J].求是，2019（20）

[2]习近平.推动形成优势互补高质量发展的区域经济布局[J].求是，2019（24）

[3]邱衍庆，罗勇，汪志雄.供给侧结构性改革视角下流域空间治理的路径创新——以粤东练江流域为例[J].城市发展研究，2018（10）

[4]孙永平.习近平生态文明思想对环境经济学的理论贡献[J].南京社会科学，2019（3）

[5]郑晓，郑垂勇，冯云飞.基于生态文明的流域治理模式与路径研究[J].南京社会科学，2014（4）

[6]任保平，张倩.黄河流域高质量发展的战略设计及其支撑体系构建[J].改革，2019（10）

[7]郭晗.黄河流域高质量发展中的可持续发展与生态环境保护[J].人文杂志，2020（1）

[8]金凤君.黄河流域生态保护与高质量发展的协调推进策略[J].改革，2019（11）

[该文入选黄河流域党校（行政学院）学习贯彻黄河流域生态保护和高质量发展重大国家战略理论研讨会]

全面开启黄河流域生态保护的新局面

王志岚

摘要：黄河，源远流长，是中华民族的摇篮，是中华民族的母亲河。黄河流经的9个省区是承担我国防洪安全、饮水安全、生态安全、社会稳定、民族团结、脱贫攻坚等重任的重点治理区域。发扬光大治理黄河的好经验，是开启黄河"大治时代"的重要抓手。

关键词：黄河流域；生态保护；高质量发展

黄河在远古时代并不叫黄河，在我国地理古籍里，《山海经》称之为"河水"，《说文解字》中称之为"河"，《水经注》中称"上河"。早在远古时期，就有原始先民在黄河流域生活、奋斗和繁衍。这里孕育过中华文明初始阶段的夏商周三代文明；更替过西汉、东汉、隋、唐、北宋等几个最早、最大、最权威的王朝；产生过许多充满中华民族智慧的古代经典文化著作；启蒙过中国最初的科学技术、发明创造、城市建设、文学艺术；哺育过一代代优秀的中华儿女。黄河，源远流长，是中华民族的摇篮，是中华民族的母亲河。

一、回眸黄河母亲河

黄河，起源于青藏高原巴颜喀拉山北麓的扎曲、卡日曲和约古宗列曲3条主要河流，自西向东，形似巨龙，流经青海、四川、甘肃、宁夏、内蒙古、陕西、山西、河南及山东9个省区入渤海，全程5464公里，流域面积75万多平方公里，是世界第五、中国第二，享有"黄河之水天上来，奔流到海不复回"美称的长河。

（一）黄河之水天上来

黄河从青藏高原的扎陵湖、鄂陵湖经青海、四川、甘肃、宁夏至内蒙古托克托县河口镇，长3471.6公里，此为黄河的上游段。从河口镇由东转而向南，途经晋陕和晋豫两个峡谷，再经山西、陕西、河南洛阳小浪底至荥阳桃花峪，长1206.4公里，为中游段。再经山东至渤海口，长786公里，为下游段。绵延千里的黄河，上、中、下游各具特色、个性迥异。上游段径流量最大，输沙量最少；中游段桃花峪以东的河段，每年有上亿吨泥沙淤积，是黄河泥沙的主要来源区，"黄河水，其水一石，其泥数斗"主要指的就是这一段。黄河下游段，河水悬于堤坝两岸地面之上，被称为"悬河"，黄河搬运的泥沙在入海处填海造陆，逐渐成为新的陆地，形成河流三角洲。"据统计，黄河下游堤防在1949年前的2540年里，决口1590次，改道26次，平均'三年两决口，百年一改道'。"[1]现在所称的黄河三角洲是1855年黄河最后一次改道后形成的，是我国面积最大的河流三角洲，入海处的三角洲呈扇形展开，还在以每年新增数十平方公里的速度不断扩大。

（二）黄河流域是支撑高质量发展的重要地带

黄河流经的青藏高原、黄土高原、华北平原等生态廊道，拥有三江源、祁连山等多个国家公园和国家重点生态功能区；流经淮海平原、汾渭平原、河套灌区等地区，其中内蒙古、河南、山东等省区是我国粮食主产区，粮食和肉类产量占全国1/3左右；宁夏、内蒙古、山西、陕西等地富含煤炭、石油、天然气和有色金属等重要的能源，是我国重要的化工、原材料和基础工业基地；黄河流经的地区同时还是我国回族、藏族、蒙古族、东乡族、土族、撒拉族、保安族等少数民族的聚居区；

"2018年九省区总人口4.2亿，占全国30.3%；地区生产总值23.9万亿元，占全国26.5%。"[2]黄河流域是我国的生态屏障、重要经济地带和基础工业基地、打赢脱贫攻坚的要地。曾经由于历史、自然条件等原因，黄河流域经济社会发展相对滞后，特别是上中游地区和下游滩区，是我国贫困人口相对集中的区域。如今，随着黄河流域大治理时代的开启，理应责无旁贷承担起防洪安全、饮水安全、生态安全、社会稳定、民族团结、脱贫攻坚等重任。

（三）黄河母亲河病了，她病在哪里

黄河一年四季都有汛情。在春季，因为冰雪融化水量加大，黄河流域会有桃汛；在夏季，因为区域暴雨，黄河会有伏汛，是黄河的主汛；在秋季也会因秋季时间长而出现不可测的秋汛；在冬季有因为冰凌堆积所形成的凌汛。黄河的汛情对上中下游的影响不同，在以山区、峡谷居多的上中游，河流流速快，对河道的危害相对较小；进入郑州桃花峪的下游，河水流速缓慢，容易形成泥沙沉积，从而抬高黄河河床，为了防止河水泛滥，就得不断加高堤防，其结果是很多地方的黄河成了地上悬河；黄河裹挟的泥沙和土筑堤防被冲刷下来的泥土直接危害到下游区域的水环境，正所谓"黄河为害，害在泥沙"。"自1919年黄河有水文记录以来，黄河实测最高含沙量达每立方米911公斤，年度最大输沙量达39.1亿吨，大多就是黄河裹挟而来的黄土高原泥沙"[3]。特别是地处山西、陕西、河北三省接壤地区的黄河中游黄土高原区，受土质疏松、地形破碎、降雨集中等自然因素和垦荒种地、过度开发等人为因素的影响，水土流失面积广、土壤侵蚀强度大，是黄河泥沙的主要来源地，也是历史上黄河决口泛滥的主要地段。"黄河宁，天下平"，现在的黄河，洪灾已经不是主要问题，与洪灾相对的，是近年来发生的断流。由于黄河流域利用黄河灌溉农田，发展农业、工业消耗大量黄河水，从1972到1997年，黄河在20多年里每年断流，单1997年一年，自开封到入海口的704

公里长的河道断流 226 天。黄河奔流，在它流经的地方，或洪灾或断流，黄河见证了历代政府的治理能力和水平，也见证了历代王朝的兴衰更替。

二、黄河流域治理经验梳理

黄河善淤、善决、善徙的特性，使得黄河的治理和利用成为历朝历代治国安邦的根本任务。

（一）治理和利用，是对黄河问题的共识

从远古时代大禹治水的"疏导为主、拦蓄为辅"，到春秋战国齐、魏、赵国的筑坝造堤；从秦汉时期的整理河道、拓荒耕田、改土通漕，到隋唐时期的凿渠漕运、便利交通；从宋元时期的引黄放淤、疏浚并举，到明清时期的束水攻沙、放淤固堤、人工疏浚，这些治黄经验为当代黄河治理提供了实践和理论方面的双重经验。

1946 年，在党的领导下，首设治理黄河机构——冀鲁豫解放区治河委员会，与国民政府黄河水利委员会并存治理黄河。新中国成立一个月后，黄委会改属水利部领导。自此，一代又一代的国家领导人把治理黄河作为重大战略，矢志不移。1957 年，黄河干流的三门峡水库完工；1965 年，伊河干流的陆浑水库建成；1994 年，洛河干流的故县水库完工；2001 年，黄河干流的小浪底水库完工。从最初的探索到越来越成熟的方案，这些水利工程几乎控制了黄河所有进入下游河道的来水，黄河径流量基本上全部被存起来，应对枯水期的农业、工业用水。通过流域内水资源统一调度，再加上抢险工程能力、气象分析能力、洪水预报能力的大幅提升，从 2000 年起，黄河断流问题再也没发生过，水患已经不再是问题的核心。党的十八大以来，中央的思路更加明确："节水优先、空间均衡、系统治理、两手发力"，"拦、调、排、放、挖"综合处理，黄河流域的治理和利用以及生态环境发生了前所未有的变化。

（二）黄河治理经验的几条启示

纵观历史上治理黄河的经验，其治理目的大致是出于三个方面的考虑:"尽地利以务农本、固边防以拓疆域、通河渠以合海内。"[4]从治理方法论来看,有四个方面的经验可资借鉴。

第一,在黄河流域拓荒屯田,进行粮食生产的做法,不利于黄河的长久发展。秦汉时期,都曾经在河套地区进行大规模屯田以备军民的粮食需求,如汉武帝时期在西北的军事屯田,在当时确实暂时解决了军民的粮食供应问题,但却破坏了河套原来的生态平衡。大规模的农业开垦活动,使原有的植被破坏,脆弱的生态环境受到重创,最终使黄河变成了真正的"黄河""地上河",以生态换粮食的做法得不偿失。

第二,堤防建设和调水调沙,是值得学习的黄河治理经验。堤防理论最早由西汉王莽新朝张戎提出,由明代水利专家系统使用,明代潘季驯发扬光大为"双重堤坝"①,双重堤坝不仅是防洪的手段,而且成为治河的工具。又如,由首任黄河水利委员会主任、著名水利专家王化云提出的"调水调沙"工程,通过建立原型黄河、数字黄河、模型黄河"三条黄河"体系,将以信息化为核心的高新技术运用于治黄领域,在考虑下游水道的输沙能力、水库的调解库容、科学选定水库的蓄泄水时间和数量的同时进行几度调水调沙,使传统治黄走向现代治黄、科技治黄。"调水调沙"工程在解决水库泥沙沉淀问题的同时,对于增加黄河三角洲湿地面积、恢复黄河生态系统、向入海口推进新淤地的效果作用明显。目前黄河流域的鱼类、鸟类数量明显增加,濒临绝迹的黄河刀鱼、海猪、东方白鹳、丹顶鹤等珍稀鱼类、鸟类也明显增加。

第三,黄河治理过程中,沟渠的开凿是治理与利用并举,充分利用资源一举两得的好办法。战国时期开凿的鸿沟,在黄河、淮河、济水之间形成了完整的水上交通网,便利了诸侯国的交往;隋唐时期开凿的贯

---

①"双重堤坝"指缕堤和遥堤。缕堤是在河滨修筑的束水堤,把河道变窄,将河流束缚起来冲刷河床;遥堤是在缕堤之外二三里远修筑的堤坝,防止河水漫滩或冲毁缕堤后泛滥成灾。

通海河、黄河、淮河、长江、钱塘江五大水系的大运河，便利了交通，成为世界上最大的运河系统。秦汉时期在关中引泾水开凿的郑国渠、白渠，宁夏的秦渠、汉延渠，以及唐朝的唐徕渠等，引黄河水灌溉农田，也使这些地方深得黄河之利。

第四，黄河治理的出发点，应该是以人为本和以人民为中心，从维护中华民族根本利益和全局利益出发，而不是出于个人或者集团利益。战乱年代，统治集团攻城略地，要么无心顾及治河，要么不惜以水代兵，如蒋介石的花园口决堤、宋末杜充在滑州决黄河、明末李自成决黄河淹开封等，都带有极大破坏性。人为决口制造水患的做法，在今天虽然不会再出现，但是，黄河流经的各省区因经济发展的需要以及各种利益集团的存在，会以别的形式破坏黄河生态环境，掠夺黄河水资源。只有从全国一盘棋的角度出发，才不至于有失偏颇。

三、续写新时代黄河治理的新篇章

2014 年 3 月，习近平总书记专程到焦裕禄同志防治风沙取得成功的兰考县进行考察。2019 年 8 月，习近平总书记专门调研黄河流域甘肃段生态保护和经济发展问题。2019 年 9 月 18 日，习近平总书记在郑州主持召开座谈会，对黄河流域生态保护和高质量发展进行专门部署，将黄河流域生态保护和高质量发展战略提升为与京津冀协同发展、长江经济带发展、粤港澳大湾区建设、长三角一体化发展一样重要的重大国家战略，黄河流域的"大治时代"扑面而来。

（一）顶层设计，彰显黄河治理的大思路

黄河上中下游经济发展态势区别明显："黄河中下游的山东、河南，2018 年 GDP 分别达到 7.6 万亿元、4.8 万亿元，陕西、内蒙古、山西分别为 2.4 万亿元、1.7 万亿元、1.68 万亿元，甘肃、青海、宁夏分别为 8246 亿元、2865 亿元、3705 亿元。"[5]上游落后、中游崛起、下游发达的发展现状，是治理黄河需要考虑的基本出发点。在黄河流域生态治理与高质量发展座谈会上，习近平总书记指出，要"坚持生态优先、绿色发展，以水而定、量水而行，因地制宜、分类施策，上下游、干支流、左右岸统筹谋划，共同抓好大保护，协同推进大治理"。这是黄河生态环境保护、治理、利用、发展的基本遵循。习近平总书记指出：上游以水源涵养区等为重点，推进实施重大生态保护修复和建设工程，提升水源涵养能力。中游抓好水土保持和污染治理，建设旱作梯田、淤地坝，以自然恢复为主推进治理。下游的黄河三角洲要促进河流生态系统健康，提高生物多样性，是充分考虑了上中下游的差异和黄河生态系统的系统性、整体性、协同性后，提出的高质量发展的区域协同方案。切忌盲目跟风，要精准定位、因地制宜、突出特色，打好"绿色牌"，发展生态农业、绿色工业、生态旅游业，提升黄河流域绿色产品和绿色服务的供给水平，是黄河流域高质量发展的产业协同方案；明确自然资源、生态环境、水利、发展改革、工业等各行政主管部门的权力清单和责任清单，从治理结构分工上形成生态保护协同治理机制、治理格局，是黄河流域高质量发展的治理协同方案；做好环境监管的同时，充分发挥环境税收、绿色信贷、绿色债券、排污权交易、自愿减排等行政手段、市场手段、社会化手段的优势互补作用，是黄河流域高质量发展的制度协同方案。上述总书记所强调的区域、产业、治理、制度"四个协同"是新时代治理黄河的大眼光、大思路。它们共同发力，同时进行，中华民族的"母亲河"——黄河，必将在新时代更大地焕发出哺育中华民族伟大复兴事业的勃勃生机。

(二) 正视黄河治理过程中的问题

多年来，通过实施三北防护林、退耕还林还草、黄土高原淤地坝建设等一系列生态建设工程，我国对黄河流域土壤侵蚀、植被恢复、入黄泥沙重点问题进行了很好的控制。但是黄河流域依然存在许多问题。

第一，水土流失问题依然严峻。黄河流经黄土高原，这里的水土流失面积约占土地面积的 69%，水蚀加上风蚀，年输沙量约占黄河总输沙量的 60%。秋季汛期，遇到雨季，暴雨泥沙俱下，大量地表黄土被冲入黄河主河槽和三门峡库区，直接造成泥沙下泄，再加上城镇建设、资源开发等人类活动产生的水土流失，都影响了黄河水质和下游防洪安全。

第二，黄河流域经济发展用水与生态用水争抢水资源的矛盾十分突出，节约用水刻不容缓。水利部 2018 年数据显示，黄河的水资源总量 869.1 亿立方米，可利用水总量 391.7 亿立方米，[①]目前流域各地平均每年用水量 290 亿立方米，超过黄河天然水量的 50%，黄河水资源利用率已超过 75%。黄河流域人均水资源量本来就低于全国平均水平，再加上黄河流域能源基地集中，高污染、高耗水企业多，各省对黄河水量的过度利用，使得黄河的水量雪上加霜。用水结构和方式不合理，农业用水量过大，河流生态用水难以保障，严重威胁全流域生态安全，对黄河流域水环境造成较大风险，亟待治理。

第三，退耕还林还草在治理水土流失方面有不可低估的作用，在促进生态修复的同时，也促进了农民脱贫致富，但目前实施效果不尽如人意。退耕还林的实施对象是西部地区水土容易流失的山坡耕地，这些地区经济落后，农民谋生主要依靠耕地，退耕之后，农民还"林"的品种绝大部分属生态林，很少有经济林，占 80% 以上的生态林仅仅具有生态价值，不具有经济价值，在享受完退耕补贴后靠什么吃饭，是退耕地区农民普遍担心的问题。而地方政府重退耕，轻管理的做法，使退耕还林的效果大打折扣，退耕地如果一直处于自然发展状态，不利于这项战略的实施。

第四，20 世纪七八十年代建设的一些淤地坝老化失修与建设不足并存。淤地坝是以防洪拦沙和淤地造田为目的的水土保持工程，在控制水

---

① 2018 年，黄河地表水 260.5 亿立方米，地下水 117.2 亿立方米，其他 14 亿立方米。

土流失、减少入黄泥沙、改善生态环境、促进农业规模化生产和脱贫致富等方面有不可替代的作用。这些淤地坝在最初建设时就因为资金和认识水平不足，而导致建设标准偏低、设施不配套，几十年的运行使这些工程的设施已经老化、毁损，丧失了继续拦泥和防洪的能力，亟待除险加固。除此之外，需要新建淤地坝的地方也有很多，需要集中考虑。

第五，黄河湿地的保护和开发不够。黄河湿地作为重要的生态廊道，是黄河流域重要的资源宝库，但是目前黄河湿地存在着多头管理、管理机构权责不清、保护和利用效率不高的现象。以宁夏的沙湖为例，多年来保护和利用的工作推进不大，没有打造出塞上湖沙共存、景色独特的品牌，没有充分发挥湿地保护和生态旅游的作用，直接影响了宁夏黄河沿岸自然风光、民俗风情、公众休闲、旅游观光、生态康养服务等旅游资源的开发，影响了黄河文化内涵的挖掘。

（三）黄河流域生态保护和治理的建议

纵观新中国成立以来黄河治理的经验，生态保护不仅是治理黄河的直接抓手，而且也是黄河流域高质量发展的直接抓手。具体说来，可从以下方面进行综合考虑。

第一，黄河治理是复杂的系统工程，需要继续发挥党的领导的显著优势和集中力量办大事的优势，来统筹协调完成这一国家战略。党的十九届四中全会从制度层面，提出了国家治理体系和治理能力现代化的图谱，是黄河流域生态保护的大机遇。借助这一大机遇，综合运用现代化的手段、高新技术、现代化的基础设施，提升黄河治理的调度能力和管理水平，是新的历史条件下治理黄河的根本方向。近年来，我国已经有好的经验可以借鉴，比如在上游的黄土高原实行退耕还林的举措，下游实行河长制的做法，都是核心的重大生态保护修复工程，实施效果良好。继续发挥党的集中统一领导优势，从全局的角度思考问题，才能实现黄河流域的高质量发展。

第二，黄河流域的生态平衡是治理黄河问题的根本。今后应该统筹考虑退耕还林还草工程的进一步实施。必要时可以推进生态保护的市场化改革，按照"谁投资、谁经营、谁受益"的原则，鼓励和引导社会资本采取承包、租赁、股份合作等形式，以公司化运作的方式参与生态建设项目。其中"退耕"建议将生态移民制度化，同时配套完善移民的后续生活、就业、医疗、养老等保障措施，此项工作是考虑生态环境恢复的可持续性；"还林"建议林业科技部门加大指导，保证林木选择的科学性和合理性，使移民从生态林和经济林的种植中受益，此项工作是考虑搬迁移民脱贫致富的长远性。

第三，加快淤地坝建设，确保淤地坝安全运行。淤地坝的建设是针对黄河泥沙问题而采取的一项黄河流域生态保护工程。今后要在尊重自然、认识自然，发挥生态系统的自我修复能力的前提下，在黄土高原沟壑区、黄土丘陵沟壑区和土石山区等泥沙集中来源区加快淤地坝建设，开展多沙、粗沙区重点支流水土保持监测，最大程度控制入黄粗泥沙量，减轻下游河道淤积，缓解下游防洪防沙压力。

第四，黄河流域各民族的科学文化修养对于黄河流域生态保护与高质量发展的意义重大。在我国古代治理黄河的各种办法中，不乏依靠神灵、方士、后士来祈求黄河安澜的先例，虽然今天迷信已不多见，但是有些偏远落后的地区，百姓科学知识、文化修养依然不够，是黄河流域高质量发展的短板。应当培育黄河流域各地群众的科学精神、奋斗意识，共同探索黄河水文变化的规律，才能够实现黄河治理能力和治理水平的现代化。

（四）宁夏黄河流域的治理方案探索

黄河自黑山峡小观音进入宁夏，过境396公里后，再由石嘴山三道坎出境，其间冲淤形成了宁夏平原。以青铜峡为界，青铜峡以上被称作卫宁平原，青铜峡以下就是银川平原。黄河流经宁夏的地区是宁夏各种生产要素和经济活动最为集中的地区，"集中了全区 57% 的人口、80% 的城镇、90% 的城镇人口，创造了 90% 以上的地区生产总值和财政收入。2017 年，宁夏黄河干流区域共完成地区生产总值 2227.36 亿元，人均 64142 元，地方一般公共预算收入 101.81 亿元，城镇居民人均可支配收入 27830.6 元，农民人均可支配收入 13040.7 元；耕地面积 607 万亩，农田实灌面积 489 万亩，分别占全区的 31%、59%。"[6] 黄河流域生态环境的保护与污染治理，直接关系宁夏生态立区、脱贫富民战略的实施效果，关乎宁夏的高质量发展。以往的黄河宁夏段治理，有值得自豪的地方："宁夏引黄古灌区范围 8600 平方公里，引黄干渠 25 条，总灌溉面积达到 828 万亩。"[7] 2017 年 10 月 10 日，在墨西哥召开的国际灌排委执行理事会上，宁夏引黄古灌区被正式授予世界灌溉工程遗产。宁夏历代引黄灌溉的发展，造就了宁夏平原丰富而独特的农田生态系统，成为我国西部重要的生态屏障。

从目前宁夏黄河流域生态环境存在的问题看，既有黄河流域水流量减少的问题，也有黄河污染问题，还有河道滩地资源开发利用的无序状态问题。凡此种种都表明宁夏黄河流域的治理刻不容缓。

第一，进行黄河岸线划定。2015 年，自治区出台了《关于深化改革保障水安全的意见》，明确提出实施生态环境保护红线、环境质量底线、资源利用上线"三条红线"管理，对用水总量超过控制指标的市、县区，实行项目和用水的"双限批"。此外还需要从空间上明确黄河流域保护区域和范围，强制非法挤占行为限期退出，严格黄河岸线用途管制，留足河道、湖泊的管理和保护范围。

第二，加大环境保护投入。一方面加大宣传力度，开展环境教育，提升人们的健康生活卫生概念，使环境保护深入人心，从生产生活方式的转变上理解绿水青山就是金山银山的深刻含义；另一方面，在农村建立专门的污水处理沟渠、垃圾处理厂，集中收集村民生产的有毒有害液体和固体垃圾。

第三，进行污染防治。进一步细化河长职责，既要明确水环境改善的具体目标，也要将巡查责任覆盖到具体河段，持续推进水环境质量的改善。流域内区域要开展工业、城镇生活、农业等各类污染源调查，核实水污染物排放总量，制订污染防治计划方案。加快城镇污水处理厂运行管护和配套管网建设，提升农村污水处理厂运行管理水平，对造纸、焦化、氮肥、有色金属、农副食品加工、原料药制造等重点污染排放行业进行专项整治，工业园区污水处理设备，实施清洁化改造，对重点工业污染源实行 24 小时在线监控和全面达标排放，严禁新增工业直排入黄口。

第四，严格遵循"山水林田湖草是一个生命共同体"的生态理念，以生态问题治理和生态功能恢复为导向，探索源头保护、系统治理、全局治理的新途径。在保证堤防工程运行安全和滩岸稳定的同时，有效实现岸线生态经济效益，并对沿河城市及重点区域，结合防护林建设营造中心景观。同时发挥河道自身生态及景观功能，因地制宜，开发建设河道生态旅游景点，与沿线旅游景区相衔接，打造形成沿黄旅游黄金走廊。

参考文献

[1]时政新闻眼.半年之后又"豫"见，习近平一天连看五个考察点[Z].2019-09-18

[2]习近平.在黄河流域生态保护和高质量发展座谈会上的讲话[J].求是，2019（20）

[3]王志岚.让母亲河永葆生机和活力[N].宁夏日报，2019-10-15

[4]丁涛.汉武帝治理黄河[N].学习时报，2019-11-25

[5]肖金成，宋建军.黄河流域将迈入生态保护和高质量发展新阶段[N].中国经济时报，2019-9-27

[6]张洪斌等.黄河宁夏段水生态保护治理的调研与思考[J].共产党人，2018（09）

[7]王建宏.宁夏引黄古灌区：一部流淌千年的水文化史[N].光明日报，2017-10-12

［该文入选全区党校（行政学院〈校〉）系统黄河流域生态保护和高质量发展征文活动］

强化黄河流域水生态治理
保障黄河流域高质量发展

卢大同

摘要： 黄河流域生态保护的战略意义主要体现在经济社会发展与生态安全两个方面。能否处理好黄河流域生态保护和高质量发展两者之间的关系，对深化落实新发展理念，顺利取得新的发展成绩，具有关键的重大意义。然而黄河流域生态环境是一个庞大的有机整体，人为对其保护与治理的方式也应遵循大自然自我修复的规律。在此过程中，要把握好黄河流域生态系统内部各环境因素与人类社会发展的关系，以水生态治理为核心任务，注重建立起科学有效的保护机制。

关键词： 黄河流域；生态保护；水生态治理；高质量发展

2019年9月，在黄河流域生态保护和高质量发展座谈会上，习近平总书记从战略高度提出了黄河流域生态保护和高质量发展，进一步阐明了黄河流域在生态安全屏障与社会经济发展方面的重要作用。黄河流域生态保护和高质量发展战略的确立，是对绿色发展理念的深刻践行，对黄河流域今后的均衡绿色发展提供了强大的思想指导和行动指南。

一、黄河流域高质量发展和水生态治理面临的困难与挑战

要实现黄河流域的长治久安与健康发展并非短期内就能完成，必须

运用马克思辩证统一观点来认知生态保护和高质量发展之间的关系。

(一) 黄河流域生态敏感性较高、承载能力弱

黄河所处的自然环境条件决定了黄河流域生态环境较为脆弱的基本状态。与我国其他较大的河流相比,黄河流域生态环境敏感度最高,抵御外界干扰的能力最弱,自我修复能力有限。尤其是流域内所经的青藏高原、内蒙古高原、黄土高原,其所形成的生态系统脆弱性非常突出,其支撑社会经济发展的能力有限,即便是沿黄盆地、平原和三角洲地区,也存在水资源不足的环境困扰。

黄河作为农业文明的发祥地,农业开发历史久远,除此以外,它还承载着工业化发展有效资源的供给。长久以来,黄河在资源开发方面一直处于高负载态势。黄河以占比仅有全国2%的水资源量,承担着全国9%人口的能源开发,尤其在河南与山东人口稠密、产业规模较大的区域对水资源的使用较大,综合长远形势考虑,黄河流域高负载在短期内不会下降。

生态环境脆弱、资源环境承载压力大,这是黄河流域的基本特征,只有清楚认知到这一点,才能找准黄河流域水生态治理的着力点,才能理解生态保护与高质量发展的辩证关系,才能作出科学的战略部署和实施方案。

(二) 黄河流域水生态治理的困扰因素

首先是洪水困扰。自中华人民共和国成立以来,黄河水生态治理取得了显著成就,洪涝灾害在一定程度上得到了有效遏制,但洪水风险的因素并未消除。习近平总书记在座谈会上指出,"洪水风险依然是流域的最大威胁",黄河下游区域长期面临着洪水威胁。近年来,受全球气候变暖和季风气候变化的影响,黄河流域极端天气和气候发生概率不断增大,与之伴随的防范风险也在增大,如何保障居民生活生产不受洪水威胁成为了黄河流域水生态治理首要考虑的问题。

其次是水资源短缺困扰。黄河流域水资源总量不到长江的 7%，人均占有量为全国平均水平的 27%，而水资源开发利用率高达 80%，水资源保有量与水资源开发利用形成突出矛盾。除此以外，黄河流域还存在水资源利用不够集约、农业用水效率低等问题。随着流域内青海、四川、甘肃、宁夏等 9 个省区城镇化发展和工业化加速，用水需求将持续增大，水资源短缺压力不会减小，如何高效集约用水是我们面临的长期考验。

最后是水环境治理形势严峻。2018 年，黄河 137 个水质断面中，劣 V 类水占比为 12.4%，高于全国平均水平 5.7 个百分点。伴随着城市工业化程度的提高，黄河流域沿线的能源、重化工等高污染企业不断增多，对黄河流域水生态造成不可背负的重压。除了化工污染，城镇化水环境冲击和农业生产面源污染等问题也比较突出。

（三）经济快速发展对环境造成透支的问题依然存在

随着经济社会的发展，黄河流域在国土开发和经济发展布局方面不断完善与升级，在此过程中，难免对生态安全格局和资源环境承载造成冲击。一是中上游区域能源矿产资源开采对当地生态环境造成破坏，尤其是一些重化工能源企业对水生态的影响比较大。二是城镇化的加快和工业生产加速致使局部区域资源环境承载压力过大，农田保护、农业生产可持续发展面临较大威胁。三是黄河流域贫困区域较多且相对集中，向黄河讨要生产力来脱贫致富的压力也在增加。

整体来讲，黄河流域环境保护与经济社会发展之间的矛盾将长期困扰黄河流域的开发与利用，如何在保护黄河流域生态环境的前提下，促进高质量发展是新时代面临的一项重大课题。我们只有秉承绿色发展的理念，积极探索人与自然和谐共生，协调妥善处理好环境保护与经济社会发展之间的矛盾，架构起绿色发展、高质量发展的模式，才能形成保护与发展的良性互动。

二、黄河流域高质量发展和水生态治理需要秉承的生态理念

在座谈会上，习近平总书记从国家战略层面提出了黄河流域生态保护和高质量发展的理念与措施，为我们在新的时代背景下对黄河流域的保护与开发提供了全新的思路。

（一）牢固树立人与自然和谐共生的理念

黄河流域生态系统是一个完整的有机体，其个别生态因子和环境因子的变化都会对流域生态安全造成影响，加之流域生态基础脆弱，自身抵御外界干扰能力有限，在流域保护中，要牢固树立生命共同体理念，遵循保护优先、自然恢复为主、尊重顺应自然的基本原则和基本遵循。在此基础上，按照国家已确定的生态功能区的划分为基本依据，科学确立流域内的生产力布局，选择与功能区生态要素相匹配的发展规模与方式。

（二）牢固树立绿水青山就是金山银山的理念

保护黄河流域生态安全是为了更高质量的发展，为新形势下经济转型高质量发展做好优质的生态环境储备，重点要协调处理好黄河流域重点开发区、城市群区域的发展对环境造成的冲击，不断优化区域产业结构、促进产业转型升级，持续加大科技创新力度，积极探索资源利用的新方式，提升资源利用率，不断完善生态环境安全格局。在国土开发方面，要做好适应性评价和环境评估，针对不同生态功能区选择科学的开发模式；依据生态功能区承载能力，按照各类生态红线，严格把控基本农田、城市开发、资源利用等方面的规定界限。

（三）牢固树立山水林田湖草是生命共同体的理念

习近平总书记在座谈会上明确提出："黄河流域生态保护和高质量发展是一个复杂的系统工程，对一些重大问题，在规划纲要编制过程中要深入研究、科学论证。"黄河流域生态保护是一门综合性较强的学科，涉及社会、经济、政治等诸多方面，在治理过程中要运用科学系统的方

式，统筹兼顾、突出重点，协调好各方面的利益。

（四）牢固树立用制度保护生态环境的理念

黄河流域的生态保护离不开体制机制层面的保障，用严格的制度体系为流域治理保驾护航是治理取得实效的必要措施。在制度保障层面，在坚持因地制宜的同时，还要妥善处理好黄河流域连续性与区域治理分割性之间的矛盾，统筹协调考虑，要有全局观，积极探索整体性的保障机制，以此来统筹引领流域内各生态功能区各有侧重防治，最终达到整体协调推进的目的。

三、黄河流域高质量发展和水生态治理体制机制探析

实现黄河流域高质量发展，须在水环境防御治理方面探索出符合客观规律的体制机制方可起到事半功倍的效果。根据流域内产业园区种类、城镇化规模、农业发展需求、区域生态环境基础等实际，采取区域化差异原则，积极构建科学的体制机制，综合协调推进流域内产业结构调整，最终实现黄河流域治理的长久安澜。

（一）建立覆盖全流域的综合协调机制

受地理环境和区域经济发展影响，黄河流域发展潜力、发展动能、经济基础有较大差异，受制于治理成本、治理能力和技术的限制，黄河流域在绿色转型发展上还有许多困境。面对困难与调整，需要建立覆盖全流域的综合协调机制来解决。积极探索上下游合作联动机制，完善流域内重点保护区域的环境反馈补偿机制，流域内重大问题协调解决，继续巩固和推进河长制管理模式，环境基础设施建设与环境保护工程协调推进，努力消除环境保护区域分割性与黄河流域环境连续性之间的矛盾。

（二）积极构建权责明确的责任体系

黄河流域水生态的治理是为了经济更好的转型发展，如何实现两者之间的协调推进，让经济效益和生态效益之间取得利益最大化显得尤为重要。在流域整体发展规划与保护设计中，重点对流域内企业、当地政

府以及中央的权责进行明晰划分。企业作为经济增长的主要推动者，同时也是流域内直接的环境破坏者。企业为了追求利益最大化往往在环境污染预防和治理方面表现得不够积极，不愿意在环境治理方面增加自己的开支。所以，对企业的监管必须从严，流域内地方政府要切实担负起责任，结合中央方针、政策精神，因地制宜制定各项措施，督促企业将绿色发展理念融入到生产的各个环节，努力让经济发展与环境治理相协调。中央作为流域治理的顶层设计者，在政策制定、联动协调、总揽推进方面有着不可替代的作用，也是最有能力实现黄河流域长治久安的最重要的力量。

（三）健全生态反馈补偿机制

健全生态补偿机制可以有效解决经济发展与环境保护之间的矛盾。生态反馈补偿机制可以让生态投资者获得应有的回馈，让对环境造成损害的主体，以及环境保护收益较大的主体付出一定的费用，反馈补偿给因环境保护投入多、经济收益少的区域，以此来鼓励和扶持环境保护者的积极性，有效促进环境资产的增值。继续按照"谁开发、谁保护，谁利用、谁补偿"的原则，按照水资源用量大小进行跨区域宏观调控，对用水多、收益大、对水环境冲击大的区域和企业征收补偿费用，反馈补偿给流域内自然保护区、生态功能保护区和中上游重点水土保持区域。

（四）将绿色GDP纳入干部政绩考核评价

在以绿色为底色的时代背景下，各级领导干部在谋划发展方面不能单纯地唯经济GDP是从，而是要将绿色协调的发展理念融入到经济社会发展的各个层面和各个环节，严格遵守各类生态红线，坚决杜绝以牺牲环境资源短期获取快速发展的粗放模式。同时，要引导规范干部的政绩观，将绿色GDP纳入干部政绩考核评价标准，把节能减排与企业负责人、政府官员的政绩结合起来，进而来修正领导干部的政绩观，也能有力促进高耗能高污染企业绿色转型高质量发展。

（五）严守生态环保政策，合理规划产业布局

深入调研黄河流域的水环境现状，结合黄河流域国家从战略层面作出的功能区划分，坚守"不欠新账，多还旧账"的原则，对高耗能高污染产业严格环境准入政策，对于不符合环保政策的产业，以及符合环保政策但与流域内地方产业整体布局不协调，或是不符合功能区定位的产业严格不予引入。

（六）倡导生态文明机制，促进产业置换

我们不能因为在当前大力倡导生态文明的背景下从一个极端走向另一个极端，在水生态治理方面必然也要结合民生需要，兼顾好经济发展与水生态治理的关系，选择最优的解决方案，而产业置换无疑是最佳的。在置换机制的确立中，要充分考虑流域内的自然环境、人文特点、风俗民情等实际，选择若干个绿色生态产业替换传统的高耗能高污染以及粗放式低效率的传统农业，逐渐消除污染高的产业存量，并不断挖掘绿色产业的深层次空间，努力延长生态产业链，引领带动相关生态产业发展。

四、黄河流域高质量发展和水生态治理推进策略

推动产业绿色转型发展，促进流域生态功能区优质生态产品的持续供给，不断加强水生态治理基础设施建设，是黄河流域水生态治理的重要举措。

（一）把握区域特点，合理规划保护

按照黄河流域自上而下主要分为三大区域，即青藏高原区、黄土高原区、华北平原区，要处理好高质量发展与水生态治理的关系，必须深刻认识这三个区域的地域环境特点，充分考虑各自区域的经济基础和发展潜力，才能做到"因地制宜、分类施策"，进而做到统筹谋划，抓好大保护，推进大治理。青藏高原是黄河发源地，需要重点保护，确保区域水源涵养能力持续增进，在战略层面因以保护为主，开发利用方面要严格环境评估，对区域内的众多保护区严格管护，注重保护区人才资金引

进，从国家层面制定中下游产业发展区对涵养区的生态补偿机制，确保"谁受益、谁付出"的原则落实落地。黄土高原是黄河的主要覆盖地区，其环境资源较为丰富，受制于生态环境的脆弱性，环境保护与经济发展的矛盾非常突出，也是做好黄河流域高质量发展与水生态治理的重点区域，当前所暴露的问题都与此相关。所以，今后的发展，重点要解决好流域城市群的发展方式，以太原、关中、呼包鄂、银川等为核心的城市群，积极探索可持续发展的模式，确保人类社会发展的行为对流域不要构成较大的冲击和破坏。华北平原人口比较稠密，经济发展也具备一定优势，高质量发展离不开高素质产业的支撑，华北平原区域要积极担负起这方面的历史使命，积极探索，勇于创新，不断引领高质量发展。

（二）积极推进产业绿色转型升级

国家早已对全国各个区域从战略层面作出了生态功能区域划分，我们要坚决遵照指导，因地制宜推进各类产业，尤其是工业的转型升级，使之与所在区域生态功能定位相匹配、相契合，通过多种经济形式，利用多种经济、政策治理手段综合考虑的方式，全面促进各类产业不断优化提升，不断向更高层次的绿色方式迈进。各地政府针对产业升级的政策要优先考虑落实，保障在环境保护方面的投入，在工业园区的建设和完善过程中，优先要着手环境管理能力的建设，对一些特色优势的绿色产业要给予大力的扶持。重点推进中上游宁夏宁东、内蒙古西部、陕西、山西等区域能源化工基地的优化，这些基地在煤炭天然气生产、煤化工、能源提供等方面已经形成了规模优势，在确保我国能源储备和安全方面有着举足轻重的作用，同时，对流域环境的影响也非常直接和巨大。面对这种难以取舍的状况，只有不断提升环境管控能力，不断提升技术革新，才能在确保各方利益的前提下走向可持续发展的道路。

（三）落实生态功能区保护政策，确保优质生态产品的提供能力绵远久长

黄河作为中华民族的母亲河，孕育滋养了灿烂的华夏文明，其流域环境资源丰沛，景色秀美宜人，有着浩如星海的沙漠、水草丰茂的草原、险峻奇幻的峡谷、气势恢宏的壶口瀑布，还拥有众多国家级公园与生态功能区划分。面对这样的环境资源，应当遵照习近平总书记座谈会讲话精神，重点做好生态功能区的保护，综合考虑国土空间格局与流域内的自然经济状况，设定区域保护目标，落实生态功能区保护政策，确保优质生态产品的提供能力绵远久长。

（四）加强以水环境治理为目标的基础设施建设，确保流域水生态长治久安

黄河流域防洪减灾始终是我们面对的一项长期考验，其水灾隐患的警惕时刻不能放松。在当前形势下，要确保黄河长久安澜，就必须要不断完善防洪治理。要做到这一点，就必须抓住水沙调控这一主要矛盾，重点做好流域中上游河道和滩区的治理，缓冲下游流域的泥沙堆淤；对流域内重点河段要重点关注，加强其防护工程。除此以外，还要强化节水型社会的建设，针对城市用水粗放、农业用水量大的现状，不断优化升级相关设施，不断提升水资源利用效率，对于不合理的用水要求，相关部门要坚决予以制止，对于污染水资源的企业或者个人要严肃追究责任。

参考文献

[1]习近平.在黄河流域生态保护和高质量发展座谈会上的讲话[J].求是,2019(20)

［该文入选全区党校(行政学院〈校〉)系统黄河流域生态保护和高质量发展征文活动］

注入呵护黄河的法治力量

周鹏龙

摘要： "治理黄河，重在保护，要在治理"，"保护生态环境必须依靠制度、依靠法治"。在立法上，强化构建黄河流域生态保护和高质量发展的立法体系；在执法上，重点更新执法理念，强化专业化执法队伍建设，推进行政执法技术和执法制度建设；在司法上，重点推进涉河案件处理司法理念更新，构建涉河案件处理绿色通道（包括设立黄河生态法院），充分发挥检察院公益诉讼职能，构建联动合作的工作机制；在守法上，重点抓好全社会普法工作，充分发挥"谁执法谁普法"制度效能，深入挖掘黄河文化中的价值规范，并与国家法律进行融合，推动法治自觉的形成。

关键词： 黄河保护；黄河治理；法治力量

黄河宁，天下平。"水运"总是在历史的逻辑中呈现出惊人的相似。继长江"共抓大保护，不搞大开发"之后，黄河流域生态保护与高质量发展，随着习近平总书记 2019 年在郑州主持召开黄河流域生态保护和高质量发展座谈会而上升为事关中华民族伟大复兴和永续发展的重大国家战略。习近平总书记在此次座谈会上的重要讲话，将"黄河之运"与"国家之运"高度结合在了一起，开启了保护和推动黄河流域高质量发展的新征程、新境界，成为未来黄河流域生态保护及其高质量发展的重要指导。

2020年6月，习近平总书记视察宁夏时再次发出要"更加珍惜黄河，精心呵护黄河""保护黄河义不容辞，治理黄河责无旁贷"的伟大号召，并赋予宁夏建设黄河流域生态保护和高质量发展先行区的时代重任。"治理黄河，重在保护，要在治理""保护生态环境必须依靠制度、依靠法治"。因此，法治是保护黄河流域生态和推动高质量发展最不可或缺、最为基本的手段。如何在黄河流域生态保护和发展领域构建其特有的法治体系，激发法治治理能力，为黄河流域生态保护和高质量发展注入法治力量，是新时代推进黄河流域生态保护和高质量发展先行区建设的必答题。

一、强化建设黄河流域生态保护和高质量发展的立法体系

"治理黄河，重在保护，要在治理"，故此建立健全黄河流域生态保护和高质量发展的治理体系，是首先要解决的问题。不可否认的是，在所有的治理体系中，法律制度的构建是基本的，也是最为重要的。

从历史维度来讲，中国古人早就探索"善治水者必用法典"的实践。例如，唐代制定了历史上第一部水利法典《水部式》，随后宋代的《农田水利约束》和金代的《河防令》等法典在古代治水中发挥了重要的作用。历史事实表明，治水离不开法律规则。中华人民共和国成立后，"善治水者必用法典"的实践得以延续和传承，我国先后制定了众多立法文件，这些立法文件对于保护和治理黄河水域发挥了重要作用。但具体梳理现行有效的立法规定后就会发现，目前在黄河流域生态保护和高质量发展领域存在立法上的缺憾是比较明显的：一是从立法的系统性上来讲，这些法律文件因为规定上的分散性而暴露了黄河流域生态保护法律制度的不完善性；二是从立法数量上来讲，目前我国仅制定过《淮河流域水污染防治条例》《太湖流域管理条例》《长江河道采砂管理条例》这3部河流领域层面的行政法规，可谓立法数量偏少、立法层级偏低。迄今为止，我国尚未针对某一河流流域保护与发展制定统一的法律规范。[1]因此，有必要制定一部专门的《黄河保护法》，专门守护母亲黄河，以保障黄河流域高质量发展。

制定《黄河保护法》是应对黄河水资源总体严重短缺、生态系统脆弱、高速发展对黄河承载量提出挑战等问题的必然选择。同时，全国人大常委会已经把《长江保护法》列入本届人大立法计划[2]，这为制定《黄河保护法》提供了样本和参考。推进黄河保护立法是一项重大的立法项目，须坚持科学立法、民主立法、依法立法的原则，确保成为善法、良法。

首先，在理念上，要牢固树立生态优先、绿色发展的立法理念和绿水青山就是金山银山的价值导向。立法理念和价值导向是立法目的的重要指引，只有将黄河流域生态保护和高质量发展的理念和价值植入到《黄河保护法》中，才能确保立法的价值与目的统一。

其次，在内容上，重点按照问题导向和目标导向，坚持以严格保护黄河流域生态环境和协调经济发展与生态环境保护的关系为主要目标，针对黄河流域的特殊性和具体特点提出相应的立法规范。例如，在具体的制度设计上，主要对空间管控、生态环境总体规划、水资源管理、污染防治、生态保护与修复、风险防范、流域综合管理等制度作出设计与规定。

当然，在制定《黄河保护法》的同时，需要进一步摸清我国现有的立法基数，盘点清楚目前立法的集中点和盲点，并及时推进立法的修改废工作。在此基础上围绕黄河保护与高质量发展，着力构建层次清晰、系统全面的黄河保护法律体系。例如，在完善行政法规或地方性法规的

---

[1] 这里指的是全国人大或者全国人大常委会制定的法律。
[2] 目前正在紧锣密鼓地开展调研和起草法案，准备 2020 年底提交常委会审议。

过程中，适当拓宽环境公益诉讼的主体资格，创造较为宽松的诉讼资格制度。再如，扩展环境侵权原因行为之范围，创造性地将精神损害赔偿融入到环境损害责任承担当中。完善环境侵权责任与环境公益救济责任的衔接条款，为环境民事公益诉讼提供"公法权利，私法操作"机制，以达到"借用"民事责任承担方式追究侵害环境权、造成生态环境损害行为人的生态修复、环境治理、生态补偿等环境法责任。当然，在《黄河保护法》出台之前，黄河流经相关省级人大可以考虑制定地方性法规，以保护和治理本省流域内的河段生态，以推进高质量发展。设区的市人大，例如，中卫市人大也可以通过启动立法程序，制定本领域内的黄河保护和治理法规，以作为《黄河保护法》和宁夏黄河保护法规出台之前的过渡举措。

二、强力推动黄河流域生态保护和高质量发展立法效能发挥

推进黄河流域生态保护和高质量发展，必须确保黄河流域生态保护领域立法规则向实践的有效转化，防止法律制度沉睡在法律的静态文本之中，要让法律制度充分发挥出应有的效能。因此，推进黄河流域生态保护和高质量发展，执法机关坚持和完善好执法体系，并严格推进行政执法，就变得极为重要和迫切。

首先，推动执法理念不断更新。在执法过程中，首要是确保执法的严厉性和严肃性，保证做到依法执法、严格执法。在执法领域必须保证"严"字当头，否则一切执法效果就会大打折扣，甚至沦为走过场、走程序。当然，在执法中还要注重执法的"严度"和执法"温度"之间的关系，保证执法严厉但不失去执法温度，做好行政执法的价值引领。

其次，组建专业化执法队伍。水域与陆地相比，具有流动性和隐蔽性的特征，因此，这就需要一批特殊的执法队伍。相对水资源较为丰富的沿海城市，宁夏的水上执法队伍建设力量相对薄弱，专业化、机动化水平提升空间较大。组建一批符合黄河流域生态保护需要的专业执法队伍，是执法领域需要首先解决的问题。但同时值得注意的是，在执法队伍建设过程中，还需要积极融入跨河域、跨省域执法队伍建设，按照中央的统一部署或者地方的自我联盟，启动黄河流域生态保护行政联合执法，推进跨河段、跨省域黄河水域的全覆盖建设，确保黄河的每一滴水都有人管、有人保护、有人治理。

再次，强化行政执法技术建设。对宁夏水上执法队伍建设而言，由于历史等缘故，执法手段和技术仍然局限于常规执法，在执法高科技技术、设备引入上和国内、国际水平存在较大差距。因此，在行政执法领域，建议加大投资，主动引入高科技执法设备、技术。例如，引入实时卫星遥感信息接收和处理系统，对重点河段、敏感河段进行实时监控。再如，引入智能水上水下侦查器、24 小时无人机检测技术、黄河水域电子监控技术等，力争以科技力量推动执法的力度和质量，保证黄河安全和高质量发展。

最后，强化执法制度建设。全面推行并严格执行流域行政执法"三项制度"，实现执法制度的常态化。建立全面排查制度，实行定期巡查检查，重点巡查跟踪敏感流域，必要时建立监控检查固定站，实施全天候驻守监测检查。依托河长制平台综合协调优势，探索建立黄河河道管理联防联控组织体系和制度体系，形成"协调统一、部门联动、统筹监管、防控结合"的管理格局。同时，构建和完善行政执法与公检法机关联合协作机制。

三、充分发挥司法功能为黄河流域生态保护和高质量发展保驾护航

有效的黄河流域生态保护，除了需要完备的立法规则和严格执法之外，还需要充分发挥司法功能，以保证黄河流域生态和高质量发展。司法机关要在黄河流域生态保护上，充分发挥能动性司法作用，坚持在法治的框架下，创新司法体制机制建设，力争运用司法功能保护好黄河的每一滴水。

首先，推进涉河案件司法处理理念的更新。在黄河流域生态保护上，积极探索建立一套既合法又具有较强针对性的司法理念，建议树立依法从严、从快、有效保护的理念，并按照这个理念进行司法资源的科学配置，努力将上述理念融入到司法实践中的实体与程序规则中，保证理念的全面贯彻执行。

其次，建设涉河案件处理绿色通道。在民事诉讼法、行政诉讼法、刑事诉讼法的框架下，开辟黄河流域生态保护司法绿色通道。建议借鉴现有特殊案件处理绿色通道经验，探索涉河案件处理绿色通道，通过这种区别于一般民事、行政、刑事案件的程序及时公正处理涉河案件，达到保护黄河和推动高质量发展的目标。同时，积极探索设立黄河生态法院，此法院的设立不仅符合黄河流域生态保护和推进高质量发展的战略要求，而且关乎黄河健康发展的千秋大计。因此，可以综合考虑黄河上中下游的功能定位、流域地市的人口、流域面积、环境等涉河案件的数量等因素，探索设立黄河生态法院。[1]但在设立黄河生态法院过程中，要注重法院设立所在地的平衡性、基层法院及上级法院管辖范围以及相关配套建设的问题。[2]

再次，充分发挥检察院公益诉讼职能，重点解决黄河流域河湖管理范围内乱占、乱采、乱堆、乱建等问题。公开涉河流域公益诉讼案件线索收集渠道，强化运用检察建议手段，监督有关单位及时纠正相关行为，及时启动公益诉讼程序，提起行政公益诉讼、刑事附带民事公益诉讼，涉嫌犯罪的依法移送公安机关立案侦查。同时，充分运用环境损害鉴定

---

①参见 2018 年 6 月 4 日最高人民法院关于人民法院服务保障新时代生态文明建设新闻发布会内容。

②例如，分别在黄河上下游设立若干基层黄河生态法院，分别管辖黄河上下游流经地市的一审环境资源案件。同时，设立对应中级法院级别的黄河生态法院 1~2 个，受理相应上诉案件及应当由中级法院管辖的一审案件。此外，探索设立相应级别的黄河生态检察院和公安机关，构建更为完整的司法保护机制。

手段，在开展环境公益诉讼的同步，注重被损害生态环境的生态修复工作，促进黄河流域生态保护与保障民生协调推进。

最后，构建联动合作的工作机制。一方面构建跨区划协作机制，打通流域内司法机关与公安、国土、水利、环保机关之间以及黄河上下游、左右岸、干支流各机关之间的互联互通，实现流域内信息资源共享；另一方面，构建黄河流域执行指挥系统协作机制，逐步建立一体化执行指挥体系，强化协助查询、冻结、查封、调查、文书送达等事项的协作。

四、大力培育全民保护黄河流域生态和推动高质量发展的法治自觉

习近平总书记在甘肃考察时指出，要坚持山水林田湖草综合治理、系统治理、源头治理，统筹推进各项工作，加强协同配合，共同抓好大保护，协同推进大治理。但是抓好大保护，推进大治理，除了需要完备的立法体系、严格的执法体系、公正及时的司法体系之外，还离不开培育广泛的全民法治自觉。因此，在将黄河流域生态保护和高质量发展上升为重大国家战略这个大背景下，必须要做好对人民群众的法治引领，努力养成人人有保护黄河的法治自觉。

首先，要持之以恒抓好全社会普法工作，及时将黄河流域生态保护立法进行全面全覆盖宣传教育。其一，深入贯彻落实习近平总书记关于保护、传承、弘扬黄河文化的重要指示精神，将各类法治元素融入，打造集法治精神和黄河文化元素为一体的普法基地，推进黄河普法阵地建设。例如，建设法治宣传专栏、法治凉亭、法治长廊等。一方面，解决人民群众对习近平总书记关于黄河流域生态保护方面的重要讲话的认知问题；另一方面，为群众传递依法保护黄河的信号，引导人民群众主动学法、守法、遵法，并学会用法来保护和治理黄河。其二，利用重大时间节点开展黄河保护主题宣传教育。例如，开展"世界水日""中国水周""宪法宣传周"等集中宣传活动，组织人员到机关、乡村、社区、学校、企业、单位深入开展"法律六进"活动，讲好黄河法治故事，传播好黄河法治声音。同时，还要加大宁夏推进生态文明建设的法治宣传力度。在运用传统宣传手段基础上，大力在新媒体宣传上下工夫。例如，利用大数据互联网的交互作用和新兴媒体，通过呈现法治类文艺作品、传播典型示范案例等进行大范围宣传。

其次，充分发挥"谁执法谁普法"制度效能。"谁执法谁普法"是我国普法领域中的一次制度创新，是普法工作的重要载体。因此，在巩固原有制度成效基础之上，进一步落实"谁执法谁普法"制度在黄河流域生态保护领域中的实践运用，推动实时普法、精准普法，让"谁执法谁普法"成为执法机关普及黄河流域生态保护法律的重要渠道和途径，让人民群众在法治实践中感受黄河法治文化。值得注意的是，黄河流域生态保护不但不能局限于就事论事，而且要通过执法案例达到尽可能的普法覆盖，充分发挥"谁执法谁普法"制度效能，力争和其他途径的宣传教育形成合力，构成自闭体系，达到最大法治宣传面，为黄河流域生态保护法律进群众脑袋和心坎打下基础。

再次，充分挖掘黄河文化与文明中的价值规范，并与社会道德规范、社会价值规范、国家法律进行融合，进而实现社会规范之间的融合，达到无形润入教化的效果，推动全民形成保护黄河流域生态，推动高质量发展的法治自觉。

综上，运用法治保护和治理黄河流域生态，推进高质量发展，实现黄河大保护、大治理目标，推进黄河流域生态保护和高质量发展先行区建设，就必须发挥法治治理体系力量，努力为呵护"母亲河"注入有效法治力量。

参考文献

[1]习近平.在黄河流域生态保护和高质量发展座谈会上的讲话[J].求是，2019（20）

[2]李妍.用最严密法治保护生态环境[N].吉林日报，2019-10-14

［该文入选全区党校（行政学院〈校〉）系统黄河流域生态保护和高质量发展征文活动］

黄河流域生态文明制度体系建设：价值、基础与路径

贾德荣

摘要： 黄河是中华民族的母亲河，黄河流域是中华文明的发祥地之一，黄河宁，天下平。习近平总书记在黄河流域生态保护和高质量发展座谈会上指出，要加强黄河流域生态保护，推动高质量发展。坚持和完善生态文明制度体系是实现这一基本要求的重要保障，需要对生态文明制度体系的现实困境进行深入分析研究，并提出具体完善路径。

关键词： 黄河流域；生态文明；制度体系；路径

黄河是中华民族的母亲河，黄河流域是中华文明的发祥地之一，黄河宁，天下平。习近平总书记在黄河流域生态保护和高质量发展座谈会上指出，要加强黄河流域生态保护，推动高质量发展。宁夏也就建设黄河流域生态保护和高质量发展先行区做了明确要求和具体部署，坚持和完善生态文明制度体系是实现这一基本要求的重要保障和应有之义。

一、黄河流域生态文明制度体系建设的价值

生态文明是人类社会进步发展的重要标志，生态文明制度体系是生态文明建设的根本保障，从生态文明视角去分析黄河流域生态文明制度体系的构建，有利于加强黄河流域生态文明建设、推动环境治理能力现

代化、推动高质量发展，最终实现人与自然和谐发展。

（一）推动黄河流域高质量发展的现实需要

当前，我国经济由高速增长阶段转向高质量发展阶段，良好生态是人们对美好生活的需要之一。当下，黄河流域经济发展与生态保护的矛盾仍然较突出，水土流失面积广、水污染大气污染明显、生态恢复缓慢、资源消耗较大、垃圾围城等问题仍不同程度存在，这些都是制约高质量发展的短板。坚持和完善生态文明制度体系，对推动黄河流域生态保护和高质量发展意义重大、使命光荣。要守住生态红线，推动绿色发展，破解生态难题，正确处理生态保护和经济发展的关系，坚持在发展中保护、在保护中发展。要转变发展方式，提升技术水平，降低污染和能耗，做好区域协调，加大力度推进生态文明建设。

（二）坚持和发展黄河文明的必然选择

在人类历史上，由于生态环境恶化而造成一个国家或地区文明的消失、经济的衰退、政治安全和社会稳定的动摇、发展机遇的丧失等现象屡见不鲜。对任何国家或地区而言，其存在和发展离不开自然环境的有效供给。恩格斯曾讲道："美索不达米亚、希腊、小亚细亚以及其他各地的居民，为了得到耕地，毁灭了森林，但是他们做梦也想不到，这些地方今天竟因此成为不毛之地，因为他们使这些地方失去了森林，也失去了水分的积聚中心和贮藏库。"黄河孕育了璀璨的中华文明，黄河宁，天下平。历史上，黄河流域是水草丰美、森林覆盖率高、植被丰富的沃土，如今的黄河流域是我国生态脆弱区和重要的生态屏障地带，只有加强生态文明制度体系建设，通过稳定、科学合理的制度保障生态文明构建，才能让黄河文明重塑辉煌。

（三）建设美丽中国的制度保障

自从党的十八大首次提出"美丽中国"以来，党的十九大、十九届四中全会又先后强调，要加快生态文明体制改革，建设美丽中国，并且把"美丽"作为建设社会主义现代化强国的奋斗目标之一予以明确规定。中国特色社会主义进入新时代，人民对美好生活的需要日益广泛，其中对优美生态环境的追求也是人民美好生活的重要组成，美丽中国是人民共同的价值追求和奋斗目标。黄河流域生态保护的成效如何，在一定意义上决定着美丽中国的实现。制度带有根本性、全局性，只有坚持和完善生态文明制度体系，才能着力解决黄河流域突出环境问题，加大生态系统保护力度，保障黄河流域生态在遵循自然规律、满足人与自然和谐发展的目标上正确前行，从而有力保障和推进美丽中国建设。

二、黄河流域生态文明制度体系建设的基础

生态文明制度体系的构建是一个辩证发展的过程，既有对以往生态制度的继承和发展，也有根据当前生态环境的现状和需要创设新制度。黄河流域生态文明制度体系构建要有坚实基础，我们有必要去梳理、分析这些基础，以推动黄河流域生态文明制度体系建设和完善。

（一）思想基础

社会存在决定社会思想，社会思想反作用于社会存在。思想是社会存在的客观反映。黄河流域生态文明制度体系的构建有其思想基础和理论渊源，这些思想是从生态环境保护的实践认知中诞生的。

1. 马克思主义生态观

马克思主义生态观是马克思主义思想的重要组成部分，它科学论证了人与自然、社会的辩证关系，为构建生态文明制度体系奠定了坚实的思想基础。马克思指出，人与自然界有着内在的统一性，"人本身是自然界的产物，人是自然界的一部分，是在自己所处的环境中并且和这个环境一起发展起来的"。自然界是"人无机身体"，因此，人的活动离不开自然界，人类只有在遵循自然规律的前提下才能能动地改造和利用自然。

2. 中国传统文化中的生态思想

中国传统文化蕴含了丰富的生态思想，是生态文明制度体系建设的思想渊源之一。例如，"天人合一"思想强调，人要顺应自然、尊重自然，把天地人统一起来，因时而动因势而为，才能实现人与自然有机统一；"众生平等"思想强调，人类与其他生命体、人类与自然界之间存在共生关系，宇宙间万物都是平等的，自然界中的一切现象都处在相互依赖、相互制约的因果关系中，一切生命都是自然界的有机组成部分，离开自然界，生命就不可能存在。

3. 习近平生态文明思想

习近平生态文明思想是习近平新时代中国特色社会主义思想的重要组成部分，是对党的十八大以来习近平总书记围绕为什么建设生态文明、建设什么样的生态文明、怎样建设生态文明提出的一系列新理念新思想新战略的高度概括和科学总结，是新时代生态文明建设的根本遵循和行动指南，也是马克思主义关于人与自然关系理论的最新成果，蕴含着深厚的马克思主义哲学观，是构建和完善黄河流域生态文明制度体系必须坚持的思想基础。

（二）现实基础

黄河流域生态文明制度体系的构建是立足黄河流域生态环境面临的问题，正面回应人民对于美好生态环境的需求，为生态文明建设提供根本保障的现实选择。黄河流域在历史上曾经森林茂密、水草丰美、气候宜人，但经历多次破坏活动后，留下的是干旱少雨，生态脆弱、恶化的窘境。改革开放后，国家经过大力治理，生态环境形势有所好转，但与高质量发展和人民群众对生态环境的美好期待等还有一定差距，形势依然严峻。

1. 水资源供需矛盾突出

黄河流域人多水少，人均水资源占有量只有 383 立方米，仅相当于全国人均水平的 27%。黄河流域的 GDP 约占全国的 14%，人口占全国的12%，耕地占全国的 15%，但河川径流量却仅占全国的 2%，目前的供水量已经远远超过黄河水资源的承载能力。从水资源开发来看，国际通用的流域水资源的开发原则上不超过 40%，但黄河水资源开发利用率已经超过 70%。

2. 水沙空间分布不均衡

黄河流域水沙的空间分布不均衡不匹配，导致黄河泥沙易淤积，水土流失强度较大，也极易发生洪涝灾害，这对黄河流域的高质量发展形成了严重威胁。黄河 50%以上的径流量来自黄河上游，但 90%以上的泥沙却源于黄河中游，这种空间分布导致了黄河流域的资源开发与环境保护之间的矛盾更加突出。

3. 环境污染风险制约发展

黄河流域降水量偏少，水环境自净能力较弱；废水排放管控不力，导致黄河流域水质较差。例如，水利部对黄河、长江、淮河等七大河流的 15 个河断面监测发现，有 13 个河断面受到严重污染，污染比例高达 87%。由于河流生态用水不足、水污染严重，又进一步造成了湿地面积减少、水源涵养功能下降、生物多样性降低等问题，再加上黄河流域粗放式发展方式较普遍，绿色发展和污染治理能力总体偏低等，都成为了制约黄河流域高质量发展的重要因素。

（三）实践基础

制度是对行之有效的实践经验的高度凝练和概括总结，反过来又指导和规范实践活动的一种规则体系。党的十七大提出建设"生态文明"；党的十八确立"五位一体"总体布局；党的十八届三中全会《中共中央关于全面深化改革若干重大问题的决定》提出，要按照"源头严防、过程严管、后果严惩"思路构建生态文明制度体系；党的十九大报告提出，要坚持人与自然和谐共生，树立和践行绿水青山就是金山银山的理念，实行最严格的生态环境保护制度，加快生态文明体制改革，建设美丽中国；党的十九届四中全会《中共中央关于坚持和完善中国特色社会主义

制度 推进国家治理体系和治理能力现代化若干重大问题的决定》明确要求，要"坚持和完善生态文明制度体系，促进人与自然和谐共生"；等。这些均体现了国家对生态文明建设进行了一系列制度安排，相应的，黄河流域也进行了一系列实践活动。例如，宁夏从 2016 年 1 月起，在重点行业和区域正式试点环境污染责任保险制度，有利于降低各企业在进行生态环境保护时的风险和成本；陕西省在 2017 年 4 月全面启动土壤污染防治行动，使土壤污染治理水平明显提升；甘肃省在政绩考核上实行差异化考核机制。这些实践活动为进一步坚持和完善生态文明制度体系奠定了建设的实践基础。

三、黄河流域生态文明制度体系构建的路径

目前，黄河流域生态环境逐渐恢复，水土保持、森林覆盖率、生物多样性等状况出现积极变化，但生态环境问题仍普遍存在。解决这些生态环境问题，需要遵循生态哲学原则，运用综合手段，加强生态文明制度体系的构建和完善。

（一）改革生态环境保护体制

1.改革生态保护监管体制

一是加快黄河流域生态监管机构建设。当前应加快理顺黄河流域各地方生态保护机构职权职责，形成上下职责一致、关系明晰的监管体制。二是在中央和地方的生态管理权责划分上，中央应要重点强化生态制度制定、监测评估、监督执法和督察问责等四大职能。要建立更强有力的内部协调机制，加强生态保护部门之间的沟通与协调，建立更加综合统一的政策制定体系和执行机制，健全相互独立、相互配合、相互监督的环境监管体制。三是建立黄河流域统一监管体制。应在黄河委员会统一领导下，由流域各省区作为成员单位共同构成监管小组，定期、不定期开展对生态保护状况的监测监管。

2. 健全生态保护机制

一是健全绿色投入和激励机制。要加强绿色发展长效投入的立法建设，构建与绿色投入相匹配的产业体系，着力推进绿色产业、低碳产业；加大财政、价格、金融等方面的政策支持，设立黄河流域绿色发展投资基金，集中用于解决大气、水、土壤污染等生态保护突出问题；通过政府积极引导，发挥市场在配置资源中的决定性作用，充分运用财税杠杆、自然资源使用和转让许可、绿色信贷、排污权交易、项目和资金支持等手段，引导市场主体坚持绿色生产和绿色消费。要稳定增加生态建设投入资金，积极争取国家支持，多渠道筹措资金。运用市场机制，鼓励生态项目采取PPP模式建设等多种方式，设立黄河流域生态保护和高质量发展基金，发行生态债券，发展绿色金融，引导社会力量、社会资本参与投资和建设。二是完善生态保护决策机制。要培育生态决策法治思维，在黄河流域生态决策上，从权力思维向权利思维转变、从权责分离向权责统一转变，培育依法决策观念；要建立黄河流域综合决策体制，打破地域封闭、部门分割的羁绊，构建黄河流域统一的决策机构，加强各地政府间的广泛协商和合作，对重大生态规划、经济政策和重大建设项目，通过联席会议联合会审作出决策；要健全决策制度，健全决策听证制度、决策评价制度和决策失误责任追究制度，加强决策保障力度。三是健全区域协调发展机制。要建立黄河流域区域战略统筹机制，把地方发展战略与国家重大区域战略、上游欠发达地区和下游发达地区发展统筹起来，强化各地融合发展和区域间互联互通；要健全市场一体化发展机制，制定一体化发展规划，打破地方壁垒，实现市场要素自由流动，优化营商环境；健全区域发展保障机制，通过制定统一有效的区域协调发展法律法规体系，健全自然资源区域交易平台，同时完善流域补偿机制，建立健全区域发展监测评估预警体系，保障黄河流域区域协调发展。

（二）完善生态文明制度体系

黄河流域生态文明建设的根本目的，在于处理好流域内人与自然、社会的关系，生态文明建设在本质上是一个社会问题，生态文明制度体系的有效供给就是要实现人与自然、社会三者间的和谐关系。生态文明制度体系建设是生态文明建设的根本保障，是理论逻辑与实践逻辑的有机统一，必须把握全局性、系统性和前瞻性。要坚持系统建设、重点突破、长远谋划的思路，构建完善的生态文明制度体系。一要加强生态文明制度系统性建设。党的十八届三中全会《中共中央关于全面深入改革若干重大问题的决定》提出，要按照"源头严防、过程严管、后果严惩"的方针，加快建立系统完整的生态文明制度体系。2015 年 9 月，中共中央、国务院共同发布《生态文明体制改革总体方案》明确提出，"到 2020 年，构建起产权清晰、多元参与、激励约束并重、系统完整的生态文明制度体系"。因此，生态文明制度体系建设要从"源头严防""过程严管"和"后果严惩"三个方面系统考虑，既要加强诸如自然资产产权制度、环境影响评价制度、国土空间开发保护制度等预防性制度，排污许可制度、排污权交易制度、污染物排放总量控制制度等过程严管类制度，又要加强生态环境损害赔偿制度、政绩考核和责任追究制度等后果严惩类制度，使各项制度共同组成逻辑严密、体系完整的制度整体。二要加强生态文明制度体系的协调性建设。要用统一的发展思想引领各项制度建设。坚持以习近平生态文明思想为指引，坚持新发展理念，严格依据上位法建立和完善生态文明制度，保持制度间协调一致，强化制度之间的兼容性，破解制度建设"碎片化"现象。同时，要强化制度的贯彻和落实，黄河流域各地政府要站在大局角度，从建设美丽中国的时代任务出发，担当起为子孙后代留下美好生态的历史责任，摒弃错误的政绩观，树立全流域一盘棋思想，协调配合，强化责任追究。

（三）构建多层次全方位的生态环境监督体系

2019 年 5 月 16 日，作为生态环境部设在黄河流域的派出机构——黄河流域生态环境监督管理局成立，重点对黄河流域生态环境保护工作进行监管，实行生态环境部和水利部双重领导、以生态环境部为主的管理体制，对监督黄河流域生态文明建设提供了强大的体制保障。从生态文明建设长期性、复杂性考虑，当前应综合施力、合力监督，形成综合性监督体系。

1. 加强生态环境监督立法建设

一是以绿色发展理念引领地方性法规、政府规章的制定和修改，并将绿色发展理念体现在这些法律文件中。在这个过程中，既要对最符合时代发展要求和生态建设规律的理念加以明确，也要对生态环境保护的优秀传统文化理念予以继承和发扬。二是加强生态环境立法的科学规划，体现立法的协调统一性。要根据黄河流域生态环境条件、自然资源状况和社会经济发展实际，结合生态文明建设的基本目标，对黄河流域生态保护作出整体规划。三是构建区域生态立法模式。目前，黄河流域相关立法主体应该加强沟通协调、先行先试，创设区域协调立法机构即区域立法委员会，积极争取国家立法机关的授权，制定区域性生态法律。

2. 强化执法监督

一是严格落实生态环境保护管理体制的有关规定。根据国家机构改革和环保机构省级以下垂直管理试点情况，应当建立上下归口管理顺畅、职权职责清晰、保障有力的环保体制机制，确保环境监测监察执法的独立性、权威性、有效性。强化地方党委和政府及其相关部门的环境保护责任，处理好生态环境统管部门与协管部门的关系，注意沟通协调和配合。要注重环境执法重心向基层下移，加强基层执法机构和执法队伍建设，将环境执法机构列入政府行政执法部门序列，通过加大经费投入、强化执法人员培训等途径，强化执法效果。建立跨部门、跨区域联动执法机制，严惩重罚破坏生态和污染环境的违法违规行为。二是严格生态保护责任考核。在政绩考核中，应增加和细化生态质量改善与污染减排在各地各级政府效能考核中的分值，严格落实生态保护内容考核指标，强化结果运用、责任追究和工作问责，落实"一票否决"。在考核对象上，取消禁止、限制开发区域和生态脆弱区的经济发展情况的考核，单纯考虑生态指标落实情况和生态保护效果，不做横向排名比较。

3. 强化社会监督

一要健全生态保护社会监督立法。要进一步健全符合黄河流域生态形势和生态发展状况的立法体系，结合区域特点作出相应法规、规章的调整，完善生态保护各领域的法律体系。二要保障公众知情权、参与权和监督权。通过积极培育公众参与意识，完善生态环境信息发布机制，鼓励公众充分行使知情权、参与权和监督权，积极监督生态利用行为，共同维护美好生态环境。三要大力发展民间环保组织。在法律和政策上制定民间生态保护组织参与环保的途径、方式和方法，通过财政扶持资金、项目立项资助等方式，扶持和激励社会组织发展壮大，提升专业水平和职业能力。

4. 加强党政督察

一要完善环保督察制度。建议黄河流域各省加强督察问责、督察督办、台账建立、核查验收、尽责免责等相关配套制度规定和实施办法的制定，加快推动环保督察法治化建设。二要完善环境保护督察的方式、方法。严格督察程序，严管督察督办工作，及时办理督察案件。要进一步建立联合执法作业机制，制订生态保护专项行动计划和工作办法，强化环境治理，共同打击环境污染违法行为。三要强化督察结果的有效运用。要把督察整改结果与政绩考核和责任追究联系起来，以督察整改要求落实的情况为依据，对整改到位、效果明显的领导干部在政绩考核、提拔任用上予以优先考虑，对虚假整改、不整改、应付整改的行为进行严肃追责。

参考文献

[1]曾德贤.马克思恩格斯三大解放思想研究[D].苏州：苏州大学，2014

[2]马克思恩格斯文集：第九卷[M].北京：人民出版社，2009

[3]连煜.黄河资源生态问题及流域协同保护对策[J].民主与科学，2018（6）

[4]郭晗.黄河流域高质量发展中的可持续发展与生态环境保护[J].人文杂志，2020（1）

[该文入选全区党校（行政学院〈校〉）系统黄河流域生态保护和高质量发展征文活动]

积极利用大数据技术　协同推进黄河流域生态保护和高质量发展

张　健

摘要：黄河流域在我国经济社会发展和生态安全方面具有十分重要的地位。然而，传统政策工具和手段难以有效解决黄河流域生态保护和高质量发展面临的治理能力薄弱、发展动力不足、创新要素外流等突出问题。解决这些全流域、系统性的问题，需要以数字化、流域化、生态化为政策重点，以新兴大数据技术为关键要素，实施以创新驱动、要素倾斜、内生发展为核心的新型区域战略，推动黄河流域高质量发展。

关键词：黄河流域；大数据；高质量发展

习近平总书记 2019 年 9 月 18 日在河南郑州黄河流域生态保护和高质量发展座谈会上的重要讲话着眼全国发展大局，深刻阐明了黄河流域生态保护和高质量发展的重大意义，指出黄河流域在我国经济社会发展和生态安全方面的重要地位，作出了加强黄河治理保护、推动黄河流域高质量发展的重大部署，为我们坚持共同抓好大保护、协同推进大治理提供了重要遵循。

一、黄河流域在国家发展中的特殊战略地位

黄河流域生态保护和高质量发展，与京津冀协同发展、长江经济带

发展、粤港澳大湾区建设、长三角一体化发展同属于国家重大战略部署。它不同于全国整体的高质量发展，也不同于某省区的高质量发展，是典型的大流域发展规划，具有特殊的战略地位。

一是生态战略地位。黄河的源头与长江和澜沧江的源头同在青海玉树的"三江源"。三江源地区也被誉为"中华水塔"，是我国最重要的水源地，具有极珍贵的生态价值。黄河呈"几"字形，河流经过高原（高寒、黄土）、山地、丘陵、平原等各种地形地貌区域，最终汇入渤海。历史上黄河水患时常发生，新中国成立后水患治理取得重要成就，黄河流域生态环境得到一定程度的修复和保护。但随着经济快速发展，黄河的用水平衡和水污染问题日益凸显，生态屏障作用受到破坏，流域生态环境问题成为了区域经济社会发展的重要约束。如果在实施生态保护和高质量发展战略的推动下，使黄河流域生态环境得到及时修复和保护，将会有力支撑经济社会可持续发展。

二是经济战略地位。沿黄九省区是我国重要的粮食、能源、工业聚集区，但目前各省区经济发展态势差别明显，四川、河南、陕西、山西等中西部省份经济转型升级力度不断加大，处于下游的山东省也面临着新旧动能转换的较大压力。从全国区域发展看，东西部地区经济差距缩小的同时，南北分化明显，华北、东北、西北地区均面临经济转型压力。实现流域上下游协调发展，将在很大程度上抑制区域经济发展差距扩大的趋势，对我国经济高质量发展有重要战略意义。

三是现代化战略地位。虽然我国脱贫攻坚战取得了举世瞩目的成绩，但在黄河流域各省区中，甘肃、青海、宁夏、内蒙古等地由于地理区位限制、生态脆弱、经济水平较低等因素，仍然是贫困人口比较集中的区域，脱贫任务更为艰巨。同时，黄河流域特别是上中游省区也为国家生态安全和粮食安全作出了重要贡献，应通过统筹全流域协调发展，支持黄河上游和中游省区发挥比较优势，发展特色产业，通过转移支付、生态补偿等多种方式，保障生态脆弱和农业核心区的基本公共服务水平与其他地区大体相当。

二、黄河流域协同推进高质量发展过程中面临的难题

区域协同、省际间协同、城市群协同已经成为经济高质量发展的重要政策载体。黄河流域在推进高质量发展过程中，各省区应作为有机整体，加强对互联网、物联网等新型基础设施建设，充分利用黄河通道、通用航空的便捷性，打造区域性的物流枢纽。但是，黄河流域在推进高质量发展过程中也面临着一些特殊难题。

一是全流域治理能力薄弱。黄河流域存在的突出困难和问题，表象在黄河，根子在流域。当前，黄河流域生态保护还呈现"九省治黄、各管一段"的局面，各省区仍然处于由粗放发展向绿色集约发展的转型期，在黄河治理中的利益诉求、发展阶段、工作重点不尽相同，流域治理的重大问题协商、协作难度较大。尽管黄河流域正在逐步完善河长制、湖长制，但是由于工作机制约束力和执行力不强，事实上仍处于分级分段治理的局面下，难以做到全流域共同抓好大保护、协同推进大治理，难以形成山水林田湖草沙全要素生态保护的合力。

二是高质量发展动力不足。黄河流域中上游地区是我国发展水平不均衡、不充分问题最突出的区域，存在着思想观念落后、创新资本不足、产业生态不平衡、高端人才缺乏等诸多制约因素。由于较为依赖承接东部地区产能，致使传统产业转型升级步伐滞后，核心支柱产业仍然以能源重化工为主，社会信息化程度、数字经济发展水平都处于全国下游，高质量发展的动力系统尚未形成。近年来，各省份转型发展意愿强烈，青海、甘肃等省在2015年左右就先后出台了发展云计算大数据相关产业规划，但是由于创新要素不丰富、创新生态不健全、内生动力不充分、规划构想不落地等原因，难以单纯依靠市场化机制和自身能力实现高质量发展。

三是创新要素外流趋势严峻。由于营商环境、人居环境、薪酬福利、发展空间等多种因素，使高端人才、技术劳动力、产业资本等关键要素"孔雀东南飞"的态势愈演愈烈，黄河流域省区面临着巨大的创新竞争压力。近年来，黄河流域地区高等院校科研实力排名大幅下滑，应届大学生本地就业率低，区域内创投基金、风险投资规模小，创新创业活跃程度低。2019 年前三季度，黄河流域九省区股权投资案例共计 571 起，仅占全国总量的 10.46%，同东部地区和南方省份相比，区域创新发展的比较劣势被进一步放大。

四是区域战略重点亟待调整。黄河中上游七省区是西部大开发的重点区域之一。经过将近 20 年的发展，七省区在基础设施建设、生态环境保护、特色优势产业发展、增长极培育和城镇化推进等方面取得了显著成效，高速公路里程、民用机场数量、高铁里程数均有大幅提升，分别占到全国总量的 33.54%、31.58%和 23.73%。目前，黄河流域面临的主要矛盾逐渐由基础设施短板转变为创新发展短板，新的区域战略的总基调必须由大开发向大创新转变，政策切入点也需逐步实现由工程拉动、财政倾斜、转移支付为主向创新驱动、要素倾斜、内生动力转变。

五是文化保护重硬轻软、手段单一。黄河文化是中华文明的重要组成部分，是中华民族的根和魂。目前黄河文化保护开发手段单一、力度不足，多注重文物古迹物理形态的保护，缺乏时代性传承和展现。陈列在博物馆中的文物、矗立在广袤大地上的遗迹、书写在古籍里的文字等散落在民间，黄河文化瑰宝正处于沉睡状态，文化影响力、传播力、感染力均显不足，这些问题亟待通过系统性保护、鲜活性展现、数字化传播等方式，深入挖掘其蕴含的时代价值。

六是面临"九龙治水"的老大难问题。水资源管理涉及部门众多，"九龙治水"问题由来已久。国家进行机构改革对水资源管理部门职能进行了进一步明晰，水资源分布和流域经济特点却决定了黄河流域需要多地区、多部门协同治理，特别是在对黄河流域水资源保障能力较弱，需要把水资源作为黄河流域经济社会发展最大的刚性约束，以此为共识的基础上，通过加强各职能部门间的协商合作，实现黄河水资源管理目标。同时，要充分发挥市场机制作用，通过完善黄河水价形成机制和加强水权管理等，提升全流域水资源利用效率，提高水资源承载能力。

三、黄河流域协同推进高质量发展的大数据技术战略构想

黄河流域的高质量发展具有系统性，要协同推进大治理。围绕一主题，黄河流域内9个省329个县之间必须协同推进生态环境治理和高质量发展，在思路、目标等方面通过合理分工和协作，共同推进黄河流域的高质量发展。做好新时代黄河流域保护和发展的顶层设计，还必须牢牢把握新一轮科技革命和产业变革浪潮的发展机遇，让数据之流重新焕发黄河文明的时代生机。

一是加强协同联动，强化流域治理。充分运用大数据、物联网、人工智能等先进技术，强化生态环保监测分析和预警监管机制，把建立和完善"数字黄河"平台，作为强化河长制的工作抓手。通过强化各省区间重大生态环保信息共享、构建生态环保问题清单和任务清单等途径，提升全流域、全要素生态治理能力。

二是激活创新要素，发展数字经济。基于黄河流域自然生态环境脆弱、工业化基础薄的问题，需要增强政策创新和资源倾斜力度，加快构建数据共享交换、数据流通交易、数据确权仲裁等数字经济关键基础设施平台，以信息流优化物流、人流、资金流，扶持引导传统产业进行数字化转型，并加快核心产业"腾笼换鸟"，着力打造黄河流域的数据之流，力争走出独具特色的数字经济创新发展之路。

三是建设数字政府，改善营商环境。针对黄河流域省区行政效率低、政务服务能力弱、营商环境差等行政供给侧问题，进行数字政府建设。充分借鉴和利用东部省区数字政府建设中的创新理念、实施方案、技术

手段等方面的经验，促进北方走廊地区数字政府建设在短期内实现跨越发展，从而提升行政效率、优化公共服务、改善营商环境，释放数字政府创新红利。

四是应用数字技术，弘扬黄河文化。黄河流域地区具有深厚的历史文化底蕴，可以综合利用以大数据、全息投影、增强现实、虚拟现实等数字媒体技术手段，将历史文化故事、民间传说等文化遗产重现、改编为数字信息资源，以"文化＋科技"大力发展数字文创产业，促进产业重构、价值重构、文化重构，从而带动经济发展、激发文化自信。

五是打破"智慧孤岛"，建设"数字城乡"。针对黄河流域城乡二元差距等问题，需要打破智慧城市建设过程中以"以城市为中心"的模式制约。开展数字城乡建设，要统筹规划黄河流域城市及周边县乡的一体化数字转型之路，消除数字世界新的城乡二元结构，打破落后地区的发展孤岛，避免智慧城市建设中的"智慧孤岛"，促进城乡协同发展。

六是建设数字大学，弥补科教短板。聚焦科教和人才短板，联系引进东部知名高校和科研院所在黄河流域地区共建数字大学，通过引进师资力量、增加数字化科教资源等途径带动当地科教创新能力提升。要系统性、常态化开展包括中小学、职业教育培训、高等教育在内的多层次网上课堂教学，实现高质量教育资源的跨地区无差异化共享，从而弥补黄河流域科教创新资源不足的短板。

七是发展农村电商，助力精准脱贫。要加快构建黄河流域电商公共服务体系，系统性开展电子商务工作，通过在西北农村地区建设县、乡、村三级电子商务服务场所，县级仓储物流配送中心，不断夯实农村电子商务发展的基础条件。要积极推进黄河流域农特产品质量提升和品牌培育，增加产品附加值，充分利用信息化手段化解西北地区物流成本高、市场空间小、商贸信息弱等问题，激活农村地区农特产品生产的比较优势和利基市场，优化农牧业产业结构和产品经营体系。要大力推进电子商务精准扶贫工作，支持贫困村、贫困户借助电商平台发展产业、创业就业、增加收入。

八是创新文旅场景，发展新兴旅游业。黄河流域有着丰富的文化旅游资源，要以共享经济、体验经济的新发展理念，充分利用大数据等相关技术，重点发展以自然景观、人文历史、乡村体验为核心要素的新型数字文旅新业态，采用数字信息技术、旅游大数据、旅游内容创新等方式促进场景科技与文旅场景融合，打造以保护为前提的黄河流域新型数字文旅产业。

九是构建数字医疗平台，服务边远地区群众。要针对黄河中上游医疗条件落后的需求痛点，大力开展数字医疗行动计划。将大城市优质医疗资源通过医疗设备的数字化、网络化、智能化，加强数字医疗的标准化程度，实现医疗信息与医疗专家的资源共享，面向落后地区开展便捷的远程会诊服务，体现以人民为中心的发展思想。

十是构建大数据中心，加快资源优势转化。充分利用黄河流域电力资源丰富、具备战略纵深等基础条件，强化国家大数据中心分支节点建设布局，在内蒙古、宁夏、青海、新疆等地建立高等级数据中心服务基地和国家战略灾备中心。通过实施"西云东输"工程，实现由电力输出向算力输出转变的同时，以数据资源的汇聚和利用，支撑网上丝绸之路建设，为"一带一路"沿线国家开展更多的国际性数据中心服务。

参考文献

[1]本报评论员.持续抓好黄河流域生态保护[N].中卫日报，2019-12-31(001)

[2]张玉斌.推动黄河流域兰州段生态保护[N].兰州日报，2019-12-17(012)

[3]毛涛.协同抓好黄河流域生态保护[N].学习时报，2019-09-27(001)

[4]河南省社科院.推动黄河流域生态保护和高质量发展　谱写新时代中原更加出彩的绚丽篇章[N].河南日报，2019-10-10（008）

[5]黄委审计局.为黄河流域生态保护和高质量发展提供坚强审计保障[N].黄河报，2019-12-03（001）

[6]武传鹏，胡建华.努力探索黄河流域生态保护和高质量发展的青海路径[N].青海日报，2019-11-18（011）

[7]赵富洲.发挥政策性金融作用　积极服务黄河流域生态保护和高质量发展[N].学习时报，2019-11-29（008）

[8]唐莹.走生态保护和高质量发展的路子[N].陕西日报，2020-02-04（007）

［该文入选全区党校（行政学院〈校〉）系统黄河流域生态保护和高质量发展征文活动］

根本遵循、深远意义、政治责任

——努力建设黄河流域生态保护和高质量发展先行区的三个维度

马红梅

摘要：习近平总书记在黄河流域生态保护和高质量发展座谈会上将黄河流域生态保护和高质量发展上升为重大国家战略，在2020年6月8—10日视察宁夏时赋予宁夏"努力建设黄河流域生态保护和高质量发展先行区"的时代重任，这是从全国生态建设大局、黄河流域生态保护和高质量发展全局出发赋予宁夏的政治任务。自治区第十二届委员会第十二次全体会议决议提出"以建设黄河流域生态保护和高质量发展先行区统领经济社会发展全局"，进一步使各级党组织和广大党员干部深刻认识到建设先行区是切实保障国家生态安全的历史责任，是促进黄河流域协同治理的客观要求，是提升宁夏发展质量效益的必然选择，为大力推进先行区建设提供了根本遵循。

关键词：根本遵循；深远意义；政治责任

习近平总书记高度重视黄河流域生态保护和高质量发展，在黄河流域生态保护和高质量发展座谈会上的重要讲话中就明确提出了黄河流域生态保护和高质量发展的目标任务，并将其上升为重大国家战略，擘画了新时代保护治理黄河的宏伟蓝图。这一重大国家战略的诞生，是前所未有的全新定位，为新时代黄河保护治理工作开辟了全新视野，为我们开展黄河流域生态保护和高质量发展提供了根本遵循和科学指引。努力建设黄河流域生态保护和高质量发展先行区是这一战略的重要组成部分，是习近平总书记着眼宁夏在全国大局、黄河流域的生态定位和生态地位，赋予宁夏的时代重任，具有重大的方向性、前瞻性、战略性、指导性意义。

一、努力建设黄河流域生态保护和高质量发展先行区的根本遵循

（一）深刻领会和准确把握努力建设黄河流域生态保护和高质量发展先行区的指导思想和努力方向

习近平总书记指出："黄河是中华民族的母亲河，是中华民族和中华文明赖以生存发展的宝贵资源。自古以来，黄河水滋养着宁夏这片美丽富饶的土地，今天仍在造福宁夏各族人民。宁夏要有大局观念和责任担当，更加珍惜黄河，精心呵护黄河，坚持综合治理、系统治理、源头治理，明确黄河保护红线底线，统筹推进堤防建设、河道整治、滩区治理、生态修复等重大工程，守好改善生态环境生命线。"宁夏依黄河而生，因黄河而兴，保护黄河义不容辞，治理黄河责无旁贷；宁夏全境在黄河流域，是受黄河恩惠最多的省区，所以更要承担起保护黄河的重要责任，让母亲河永远健康；宁夏干旱少雨，严重缺水，要把水资源作为最大的刚性约束，以水定城、以水定地、以水定人、以水定产，合理规划人口、城市和产业发展，推进水资源节约集约利用。要把保障黄河长治久安作为重中之重，实施河道和滩区综合治理工程，统筹推进两岸堤防、河道控导、滩区治理，打造百年防堤，有效防洪防凌，努力建设黄河流域生态保护和高质量发展先行区。

（二）深刻领会和准确把握努力建设黄河流域生态保护和高质量发展先行区的科学定位

习近平总书记提出建设先行区的要求，我们在工作中要有明确的目标定位，防止目标落空、工作虚化。

一是建设生态保护修复示范区。宁夏这些年在生态治理、保护和建设上下了很大工夫，取得了明显成效，生态环境逐年改善，是全国第一个实行全区域草原禁牧封育的省区、全国第一个实现沙漠化逆转的省区，而且在小流域综合治理、固沙防沙治沙上探索出许多好经验。习近平总书记这次视察宁夏专程看了贺兰山生态环境综合整治情况，对宁夏主动开展整治工作给予了充分肯定。努力建设黄河流域生态保护和高质量发展先行区，为宁夏继续加强生态治理、保护和建设提供了重大机遇。只要把国家的支持用好，把我们的能动性发挥出来，通过谋划实施一批重大生态保护工程，完全可以成为黄河流域生态保护修复的示范区，为欠发达和生态脆弱地区生态安全建设提供示范。

二是建设环境污染治理率先区。目前，宁夏的大气、水体、土壤污染治理力度很大、成效很好，黄河干流水质已连续两年保持Ⅱ类进Ⅱ类出，空气优良天数比例保持在 85%左右，全区土壤重点监控区总体达到Ⅰ级清洁水平。在建设黄河流域生态保护和高质量发展先行区中，把农业面源污染、工业污染、城乡生活污染治理好，把自然生态环境破坏问题整治好，就能在黄河流域各省区中率先解决环境污染问题。

三是建设经济转型发展创新区。宁夏经济结构矛盾突出，长期以来过度依赖扩大投资拉动增长、依赖传统产业支撑发展、依赖消耗资源实现发展。虽然近几年通过深化供给侧结构性改革，加快推进发展方式转变、经济结构优化、增长动能转换，但步伐还不快，转型发展的任务还很重，这恰恰说明宁夏转型发展的潜力很大、空间很大。比如在工业上，宁夏将集中力量、集中资源，大力发展清洁能源、电子信息、绿色食品、新型材料等无污染、链条长、前景好的产业。宁夏的产业发展在总量上走不到前面去，但可以发挥优势、挖掘潜力、创新机制，拿一些"单打冠军"。

四是建设黄河文化传承彰显区。宁夏有一大批丰富的历史文化遗产，包括列入世界灌溉工程遗产名录、被称为"中国的古渠系博物馆"的宁夏引黄古灌区等等。只要我们守好用好宝贵的黄河文化遗产，深度挖掘黄河文化价值，深入传承黄河文化基因，讲好新时代黄河故事，就能让多元纷呈、交相辉映、和谐共融的黄河文化在宁夏绽放光彩。

（三）深刻领会和准确把握努力建设黄河流域生态保护和高质量发展先行区的重点任务

习近平总书记在视察宁夏时的重要讲话中要求我们把保障黄河长治久安作为重中之重，实施河道和滩区综合治理工程，统筹推进两岸堤防、河道控导、滩区治理，打造百年防堤，有效防洪防凌。并强调要把水资源作为最大的刚性约束，以水定城、以水定地、以水定人、以水定产，合理规划人口、城市和产业发展，推进水资源节约集约利用。要加强贺兰山、六盘山、罗山等自然保护区建设，统筹推进生态保护修复和环境综合治理，加快实施矿山地质环境恢复治理工程，要顺应自然、尊重规律，既防沙之害，又用沙之利，在防沙治沙的同时发挥沙漠的生态功能、经济功能。习近平总书记的这些要求，都是我们建设黄河流域生态保护和高质量发展先行区必须落实的重点任务。

二、努力建设黄河流域生态保护和高质量发展先行区的深远意义

（一）这是总书记赋予宁夏的时代重任

努力建设黄河流域生态保护和高质量发展先行区是习近平总书记交给宁夏的重大任务、赋予宁夏的时代重任。黄河流域9个省区，习近平总书记唯独对宁夏提出建设黄河流域生态保护和高质量发展先行区的要求，这是对宁夏的格外关心、关怀、关注、关照，充分体现了对宁夏的信任，我们必须以建设黄河流域生态保护和高质量发展先行区统领宁夏生态文明建设、统筹宁夏经济社会发展。

（二）这是保障国家生态安全的历史责任

习近平总书记指出："贺兰山是我国重要自然地理分界线和西北重要生态安全屏障，维系着西北至黄淮地区气候分布和生态格局，守护着西北、华北生态安全。"宁夏是全国重要的生态节点，联动着全国的气候格局，是重要的生态屏障，关乎西部乃至全国的生态安全，是重要的生态通道，调节水汽交换，改善西北局部气候。我们必须承担起维护西北乃至全国生态安全的重要使命，守好改善生态环境生命线，为维护全国生态安全作出宁夏贡献。

（三）这是促进黄河流域协同治理的客观要求

黄河流域是一个系统，黄河生态是一个整体，黄河的治理和保护必须整体谋划、协同推进。宁夏因黄河而生、因黄河而兴，是黄河流域和黄河文化的重要组成部分。可以说，宁夏的发展史就是一部黄河开发史和水旱灾害斗争史。宁夏全境属于黄河流域，黄河水是宁夏发展的唯一命脉，有水则绿洲，无水则荒漠，是这里真实的写照。因此，保护黄河、治理黄河必须着眼于黄河全流域，担当宁夏责任。党的十八大以来，宁夏牢固树立绿水青山就是金山银山理念，大力实施生态立区战略，加快落实河（湖）长制，深入推进节水型社会建设，建成416公里黄河标准化堤防，控制入黄泥沙从1亿吨减少到2000万吨，黄河宁夏段出境断面水质连续20个月保持Ⅱ类，累计发展高效节水灌溉面积近400万亩等，黄河保护治理工作取得了新成效。

（四）这是提升宁夏发展质量效益的现实选择

没有环境的空间就没有发展的空间，没有环境的容量就没有发展的质量。建设黄河流域生态保护和高质量发展先行区就是要以生态环境保护来倒逼产业转型，倒逼结构调整，最终实现高质量发展。如果我们抓不住努力建设黄河流域生态保护和高质量发展先行区的契机，继续走依靠资源开发、能源利用、项目投资拉动经济增长的老路，必然导致资源撑不住、环境容不下、发展保不了。

三、努力建设黄河流域生态保护和高质量发展先行区的政治责任

习近平总书记指出："要牢固树立绿水青山就是金山银山的理念，统筹山水林田湖草系统治理，优化国土空间开发格局，继续打好蓝天、碧水、净土保卫战，抓好生态环境保护。要把保障黄河长治久安作为重中之重，实施河道和滩区综合治理工程，统筹推进两岸堤防、河道控导、滩区治理，推进水资源节约集约利用，统筹推进生态保护修复和环境治理，努力建设黄河流域生态保护和高质量发展先行区。"这是赋予宁夏的时代重任，也是当前和今后宁夏担当的重大政治责任。

（一）注重保护和治理的系统性、整体性、协同性

协同推动黄河流域高质量发展要坚持辩证思维、系统思维，把相关问题研究深研究透，不能单打一、想当然。习近平总书记指出，"统筹山水林田湖草系统治理，优化国土空间开发格局，继续打好蓝天、碧水、净土保卫战，抓好生态环境保护"。首先，要充分考虑黄河上中下游差异，分类施策。与黄河中下游侧重水土保持和污染治理、湿地生态质量和生物多样性问题比较，宁夏居于黄河上游，根据这一区域面临的局部地区生态系统退化、水源涵养功能降低等问题，将推进实施一批重大生态保护修复和建设工程、提升水源涵养能力作为首要任务。其次，要水岸同治、全域共治。大力控源截污、生态修复，从源头上为黄河减负。取缔封堵入河湖、排水沟工业企业直排口，封堵处理直接入河湖生活排污口，进一步降低污染物排放总量；综合治理13条重点入黄排水沟；持续推进沙湖、星海湖、渝河、葫芦河、清水河等河湖治理；加强农业面源污染防治；重拳出击清"四乱"，实施"清河行动"等系列河湖专项整治行动，斩断破坏黄河生态的黑手，全面禁停黄河干流采砂，拆除河道违法建筑，持续推进解决乱占、乱采、乱堆、乱建的"老大难"问题；统筹河湖水体和岸线空间管理，将全区443平方公里黄河水域划入生态

红线范围，打造黄河标准化堤防；大力实行黄河休渔制度，养护黄河水生生物资源，修复黄河流域水生生态。最后，要将山水林田湖草作为一个生命共同体，进行系统治理和生态恢复。持续推进构建以贺兰山、六盘山、罗山自然保护区为重点的生态安全屏障，将贺兰山生态保护作为黄河流域生态保护的重要组成部分，与黄河保护一体推进。持续推进天然林保护、三北防护林、封山禁牧、退耕还林还草等生态建设工程，厚植绿色生态底色。持续推进 310 万亩沿黄湿地、24 个湿地公园的生态涵养工作。

（二）完善河（湖）长制组织体系，着力做好黄河治理保护工作

习近平总书记指出，"实施河道和滩区综合治理工程，统筹推进两岸堤防、河道控导、滩区治理"。实施河道和滩区综合治理工程关键在于完善河长制湖长制组织体系，这是协同推动黄河流域高质量发展的重要内容。2017 年 7 月，自治区召开总河长第一次会议，吹响全面推行河长制的号角，形成了以自治区党委书记担任总河长、自治区主席担任副总河长、自治区党政有关领导分别担任重要河湖的河长、党委组织部等 27 个单位为自治区级河长制责任单位的河（湖）长制组织体系，区、市、县、乡、村五级河长体系也提前建立。目前，要继续深入推进河（湖）长制，着力做好黄河治理保护工作。要围绕当下确保"大堤不决口、河道不断流、水质不超标、河床不抬高"的迫切任务，深入推进河（湖）长制，加大水土保持建设力度，坚持把水资源作为最大的刚性约束，把节水作为破解宁夏水资源瓶颈的关键举措，不断提高用水效率效益，促进全区经济社会发展与水资源水环境承载力相适应，确保自治区各行各业发展用水安全。黄河滋养了宁夏大地，哺育了宁夏人民，如果我们不能保护好治理好黄河，就对不起黄河母亲。要扛起我们这一代人的历史责任，用保卫黄河的精神保护好母亲河，用实际行动维护母亲河的健康安全。

（三）做好黄河治理保护顶层设计，着力建好黄河治理保护长效机制

习近平总书记指出："要加强顶层设计，狠抓责任落实，强化监督检查"。要全力做好黄河治理保护顶层设计，全面推动黄河流域高质量发展。2017年6月，自治区第十二次党代会将生态立区战略确立为宁夏的"三大战略"之一，提出"坚决摒弃损害甚至破坏生态环境的发展模式，坚决摒弃以牺牲生态环境换取一时一地经济增长的做法""严格控制开发强度、提高开发水平，实行最严格的水生态保护和水污染防治制度，让母亲河永远健康"，并勾画生态优先、绿色发展、产城融合、人水和谐的沿黄生态经济带。2019年12月，自治区第十二届委员会第八次全体会议将守好改善生态环境生命线作为守好三条生命线、走出一条新路子战略任务的重要内容之一。为贯彻落实这一战略任务，必须在《宁夏沿黄生态经济带发展规划》《黄河宁夏段岸线保护利用管理规划》《宁夏水资源管理条例》《宁夏湿地保护条例》和《宁夏河湖管理保护条例》的基础上，进一步从全局和战略上谋划沿黄地区生态保护治理和经济高质量发展，明确黄河保护的红线底线，施以最严格的制度、最严密的法治，为打好新时代黄河保卫战、水污染防治攻坚战提供坚强的法治保障，使河湖生态治理在源头严控、过程严管、后果严惩方面有法可依。同时，向全社会持续传递"共抓大保护、不搞大开发"的战略定力。配合自治区有关部门，抓紧开展重大问题研究论证，积极主动对接国家发改委、水利部等有关部委，把宁夏黄河流域生态保护和高质量发展各项需求体现到中央规划纲要中，争取国家对宁夏的最大政策、项目支持。尽快研究黄河治理保护具体措施，进一步加快编制宁夏水利高质量发展及水安全保障规划。坚持局部服从整体和关键推动全局的原则，配合建立区域、部委协同发展良性机制，加快破解东西部发展不平衡问题。坚决承担起维护西北乃至全国生态安全的重要使命，加快建设天蓝、地绿、水美的美丽宁夏。

参考文献

[1]习近平在宁夏考察时强调 决胜全面建成小康社会决战脱贫攻坚继续建设经济繁荣民族团结环境优美人民富裕的美丽新宁夏[EB/OL]. 新华网，2020-06-10.http：//www.xinhuanet.com/2020-06/10/c_1126097391.htm

[2]本报评论员. 宁夏要有大局观念和责任担当[N]. 宁夏日报，2020-06-15

[该文入选全区党校（行政学院〈校〉）系统学习宣传贯彻习近平总书记视察宁夏重要讲话精神理论研讨会]

黄河流域生态保护和高质量发展先行区的战略目标与实施路径

张 弼

摘要： 黄河流域生态保护和高质量发展是重大国家战略，作为全境属于黄河流域的唯一省份，宁夏要着眼全国大局和流域全局，按照习总书记的重要指示，努力建设黄河流域生态保护和高质量发展先行区。生态保护和高质量发展的战略目标与实施路径是系统谋划的重要内容。建设河段堤防安全标准区，通过实施河道堤防安全提升工程和协调水沙关系，保障黄河长治久安。建设生态保护修复示范区，通过实施重大生态保护修复工程和完善生态文明体制改革，维护区域生态安全。建设环境污染防治率先区，通过坚决打好污染防治攻坚战，确保污染防治和全面小康社会目标相适应。建设经济转型发展创新区，通过经济结构调整和产业转型升级，推动经济发展实现量的合理增长和质的稳步提升。

关键词： 黄河流域；黄河生态保护与高质量发展先行区；战略目标；实施路径

2020年6月10日，习近平总书记在宁夏视察的重要讲话中明确提出，要"努力建设黄河流域生态保护和高质量发展先行区"，赋予了宁夏时代重任。宁夏地处黄河上游，是唯一全境属于黄河流域的省份，5 个地级市中，固原市发源了黄河宁夏段最大支流清水河，中卫、吴忠、银川和石嘴山四市由南向北依次沿黄分布。天下黄河富宁夏，沿黄经济区占宁夏国土面积的 43%，集中了宁夏 66% 的人口、80% 的城镇、90% 的 GDP 和财政收入，[1]宁夏保护黄河义不容辞，治理黄河责无旁贷。

当前，宁夏水土流失相对严重，各种原因导致泥沙输向黄河，其中支流祖厉河多年平均输沙量 0.523 亿吨[2]，部分区域水源涵养功能退化，虽然林草植被面积增加，但增速较城市化进程明显缓慢[3]，直接影响水沙关系，威胁黄河安澜。宁夏是北方防沙带、丝绸之路生态防护带和黄土高原—川滇生态修复带"三带"交会点，生态安全战略格局地位特殊，承担着维护西北乃至全国生态安全的重要使命。污染防治仍然是人民群众关注的热点，随着 NO_2、O_3 等非常规污染物排放量增加，宁夏大气污染类型从以煤烟型污染为主转变为扬尘、机动车尾气和煤烟混合污染，污染防控难度进一步增加，农业面源污染正处于随着农业经济增长，化肥面源污染增大曲线的上升阶段，拐点尚未来临。[4]宁夏作为欠发达省区，发展的层次偏低、经济结构偏重、能源利用偏煤、产业布局偏散，资源型、重型化、单一性特征明显，资源环境约束趋紧、增长动力后劲不足等问题不断显现，推进高质量发展是破解各种瓶颈的必由之路。

必须坚持生态优先、绿色发展，以水而定、量水而行，因地制宜、分类施策，上下游、干支流、左右岸统筹谋划，共同抓好大保护，协同推进大治理。[5]在加强污染防治、生态安全屏障建设、推动经济转型发展、保障黄河安澜四个方面，展现宁夏担当，作出宁夏贡献，才能真正体现"先行"与"示范"。

一、河段堤防安全标准区实施路径

以推动建设河道滩区综合提升治理工程和协调水沙关系为主，打造黄河河道地方安澜样板区，以宁夏段的安全促进全流域的安澜。实施好河道和滩区综合提升治理工程，确保宁夏境内水患、堤防隐患基本消除，河道河槽河床、排洪输沙功能基本稳定，现代化防灾体系基本建成，确保两岸堤防稳固安全。增强水土保持能力，减少水土流失面积和输沙规模，基本实现"土不下山、泥不出沟、沙不入河"，为黄河中下游水沙协调作出贡献。

（一）综合治理提升工程方面

一是加快实施两岸堤防工程。加快推进黄河宁夏段堤防工程达标，按照一般河段50年一遇、城市段100年一遇、银川段200年一遇的防洪标准，建设黄河沿岸综合廊道，有效提高防洪防凌能力。实施干堤封闭工程，加快黄河右岸银川至石嘴山段标准化堤路建设，填补堤防缺口，形成堤防闭环。在干流堤防工程中，对入黄支流河口、排水沟和山洪沟入黄沟口的堤防，按干流堤防标准进行加固，消除堤防安全隐患。

二是加快开展河道治理工程。在河道疏浚方面，坚持治理与疏浚相结合，加强对黄河薄弱河段和隐患河段的治理，提高河道的排洪功能，有效控制游荡性河段。强化隐患排查治理，建立全天候、全方位的隐患排查治理机制。加大对危险地段的治理力度，加强丁坝、人字垛和护岸工程建设，对隐患河湾进行综合治理，有效地控制主流，稳定河势，保护堤滩。开展河道清淤工程，创新泥沙综合处理技术，探索新的泥沙利用模式。

三是加快实施滩区治理工程。合理规划建设有条件的入黄沟道末端人工湿地，加强滩区湿地生态修复。

四是加强实施城市防洪工程。以中卫、吴忠、银川、石嘴山四大城市区为重点，统筹城市建设和河湖湿地，加快完善防洪体系，保障城市安全。建立雨水蓄积工程，充分利用天然洼地、生态湿地、水保工程等，采取"蓄、滞、渗、净、用、排"等综合措施，对雨水进行收集、储存、处理和利用。实施城市排水防涝工程，推进海绵城市建设，构建自净自渗、蓄泄得当、排涝结合的良性水循环体系。

（二）水沙关系协调方面

一是要紧紧抓住黄河水沙关系调节这个"牛鼻子"。统筹实施源头控制和节点突破，大力推进山水林田湖草沙系统治理，实施黄河上游生态保护修复和建设工程，大力推进以南部黄土丘陵水土保持区为重点的水土流失综合治理，有效提升水源涵养能力，努力做到泥不下山、沙不入河。

二是力争建设战略工程。积极配合国家有关部委尽早决策实施黄河黑山峡河段开发工程，发展绿洲生态农业，防止周边荒漠扩张，提高环境容量，为新时代推进西部大开发形成新格局创造条件。

三是借助黑山峡水利枢纽高坝大库优势，与上下游骨干水利枢纽构建起全河水沙调控体系，遏制河段悬河发展，大幅提高河段防洪标准，切实发挥治黄关键工程作用，有力维护黄河生命健康，完善黄河水沙调控体系。

二、生态保护修复示范区实施路径

以黄河、贺兰山、罗山、六盘山为基本框架，加强重点生态修复工程，完善生态文明体制改革，构建黄河生态带和北部绿洲生态区、中部防沙治沙区、南部水源涵养区"一带三区"总体布局，维护西北乃至全国生态安全。黄河生态带建设，要以黄河干流为主轴，突出生态优先地位，打造黄河流域生态保护和高质量发展先行区的核心带。北部绿洲生态区建设要发挥黄河自流灌溉和贺兰山生态屏障的自然优势，加快矿山地质环境综合整治修复，建设贺兰山东麓绿道绿廊绿网，实现生态保护和经济发展协同共生。中部防沙治沙区建设要以中部干旱带和罗山自然保护区为重点区域，突出生态修复和水土保持，加强自然保护区生态修复，巩固防沙治沙和荒漠化治理成果。建设南部水源涵养区要以南部山区和六盘山自然保护区为重点区域，突出生态保护和水源涵养，持续提升水源涵养和水土保持功能。

（一）生态修复工程方面

一是要扎实推进山水林田湖草系统治理。北部地区以中度水力侵蚀为主，构建引扬黄灌区水土流失防治体系，预防和控制人为水土流失；中部降水稀少，水蚀风蚀并存，以风力侵蚀为主，以自然恢复为主、人工修复为辅，合理开发水资源，适度引水，建设荒漠草原防沙治沙生态防护系统；南部降水量季节分布不均，以水蚀为主，加强以坡改梯等措施为主的水土流失综合治理，分类实施生态经济型、生态清洁型小流域综合治理工程。

二是要实施重点区域造林绿化工程。实施六盘山重点生态功能区降水量 400 毫米以上区域造林绿化工程，每年完成新造林及改造提升 65 万亩；实施六盘山水源涵养林、引黄灌区生态防护林两个百万亩防护林基地建设；加强生态修复型人工增雨和防雹设施能力建设，打造中国六盘山地形云催化科学试验示范基地；实施引黄灌区平原绿洲绿网、南华山外围区域水源涵养林、同心红寺堡文冠果生态经济林等建设提升工程。

三是要实施重点防沙治沙工程。加强重点防沙治沙工程建设，增加林草覆盖面积，建立完善的防风固沙体系，加快沙化土地治理，遏制局部沙化扩展趋势。搞好国家防沙治沙综合示范区和三北精准治沙重点县建设。组织实施沙化土地封禁保护补助试点项目，对因生态保护需要暂时不具备治理条件和不宜开发利用的连片沙化土地，依法划定沙化土地封禁保护区，促进生态恢复和治理。

（二）生态文明制度体系方面

一是要坚持和完善生态红线制度。按照全国主体功能区建设要求，科学划定并严守生态保护红线，制定生态保护红线管控，纳入全国"一张图"管理，实现一条红线管控重要生态空间。开展全区生态保护红线监测网络和监管平台建设，建成自治区生态保护红线监管平台，开展生态保护红线监测预警、评估考核和监督执法，把考核的重点放在区域生态功能维持、生态质量改善和扶贫攻坚、农民增收上，进一步增强绿色发展导向。

二是全面推行草原禁牧和天然林保护制度。加大禁牧封育等治理措施，对沙化退化草原进行改良，实施退耕还林还草，充分利用退耕还林政策，对严重沙化耕地进行摸底排查，做到应退尽退；积极争取国家政策，将15°~25°耕地和移民迁出区耕地纳入退耕还林范围，严禁将永久基本农田列入退耕还林实施范围；全力推进三北防护林体系建设，加快全域造林绿化步伐，统筹推进荒山荒漠、平原绿洲、城乡通道、河湖沟渠造林绿化，构建生态廊道。

三是构建绿色金融制度体系。做好顶层设计，制定自治区级绿色金融专项规划，出台关于加快绿色金融发展的实施意见和实施细则；制定激励支持政策，出台促进绿色金融发展的实施意见和优惠政策兑现指引，从绿色金融机构入驻、服务绿色产业发展、专业人才引进等方面提出激励措施；构建远中近期结合和金融、财税、产业融合的绿色金融政策框架体系，为绿色金融改革创新提供坚强有力的扶持激励和政策保障；充分利用各类平台，积极开展宣传工作，营造良好发展氛围，不断深化全社会对绿色金融认识，发展绿色金融的共识持续凝聚。

四是建立跨省区流域生态补偿制度。以流域跨省界断面水质考核为依据，建立流域上下游甘肃、宁夏、内蒙古三省区间横向水环境补偿机制，实行联防联控和流域共治，全力推进黄河流域水环境综合治理。三省区共同出资设立"甘宁蒙"流域水环境补偿资金，实行资金"双向补偿"。以相关双方确定的水质监测数据作为考核依据，当上游来水水质稳定达标或改善时，由下游拨付资金补偿上游；反之，若上游水质恶化，则由上游赔偿下游，上下游两省区共同推进跨省界水体综合整治。在以上基础上，中央财政依据考核目标完成情况对补偿机制予以适当资金支持，支持流域上游省份专项用于流域水污染防治工作，并逐步退出。

三、环境污染防治率先区实施路径

力争在黄河流域率先重点解决大气和水环境污染问题，以"十四五"规划为时间节点，确保环境空气质量稳定达到国家Ⅱ级标准，地级城市环境空气质量优良天数比例稳定在 80% 以上，重污染天气大幅减少。确保黄河干流断面水质达到Ⅱ类标准，2025 年国控断面水质优良比例达到 80% 以上，劣Ⅴ类重污染水体稳定消除，地级城市集中式饮用水水源水质达标率达到 82% 以上、建成区黑臭水体全面消除。

（一）大气污染防治方面

一是推进国土绿化和煤炭清洁利用，从源头减少颗粒物影响。持续推进大规模国土绿化加速全域造林绿化步伐，统筹推进荒山荒漠、平原绿洲、城乡通道、河湖沟渠的造林绿化，构建生态廊道。全面推行草原禁牧制度，加大禁牧封育力度。严格控制煤炭消费总量，推进煤炭清洁利用，建立以县区为单位的全封闭配煤中心和覆盖乡镇、村屯的洁净煤供应网络，使原煤入洗率达到 85% 以上，洁净煤使用率达到 90% 以上。在大力推进单机容量 30 万千瓦及以上机组综合配套建设的同时，加强其他燃煤设施的烟气治理。

二是加强工业企业大气污染综合治理，及时遏制复合污染转向。加强工业企业无组织排放治理，推进 VOC 综合整治。实施大气污染物特别排放限值，采用烟气脱硫脱硝集成化技术与成套设备，加强钢铁、火电建材、电解铝等行业硫氮协同控制。对"散乱"企业进行全面整治，实行拉网式排查和清单式、台账式、网格化管理，分类实施关闭取缔、整合搬迁、整改提升。加快车用燃料低硫化的进程，推广供应符合最新国家排放标准的车用汽、柴油，严厉打击非标车用燃料的生产、销售和使用；清理黑加油点，鼓励新能源汽车的购买。

三是以工业园区转型为突破口，推进产业结构绿色转型。开展工业园区"三线一单"划定工作，促进园区产业集群发展、高质量发展，推动全区经济转型升级和产业结构调整。积极发展循环经济，推进绿色低碳园区建设，完善集中供气、供热、供水、污水处理、危废处理处置等配套设施，促进上下游企业间的联系，实现副产物与废物交换、能源与废水的梯级利用，促进园区整体绿色发展，形成绿色低碳循环经济体系。

（二）水污染防治方面

一是加强污染治理能力，确保稳定达标排放。加速城市污水处理设施的扩建和提标改造，实现城市建成区生活污水全收集、全处理。在严格执行达标排放标准的基础上，削减工业废水及其污染物排放总量。园区内污水处理厂全部达到一级 A 排放标准。计划建设污水处理再生利用工程和配套管网，推进雨污分流改造。

二是加强水源地保护，保障城乡居民饮水安全。强化对水源水、出厂水、管网水和终端水的全过程管理，实施城市供水水源地安全保障达标建设和环境保护的规范化建设，依法清理取缔非法建设、非法排污的饮用水水源地。解决好水源保护与耕地开发之间的矛盾。开展农村集中供水巩固提升安全工程，全面解决农村和城市供水安全问题，农村和城市供水普及率达到 95% 以上。建立健全社会监督举报机制和激励机制，鼓励公众、新闻媒体和其他社会力量对政府和企事业单位水资源利用和保护进行监督、评估。

三是深化城镇污水处理的"提质增效"，防止水体"返黑""返臭"。强化黑臭水体内源治理成效的同时，加速弥补城镇污水收集处理设施不足的步伐，尽快实现污水管网的全覆盖、收集和处理。在地级以上城市建成区全面开展水污染防治工作，公布黑臭水体名单。在控源截污、垃圾清理、清淤疏浚和生态修复的基础上，重点治理沿岸污染源。将"河长"职责落实到每一个雨水排放口，实行"身份证"式管理，严防新的污水直排口和污水雨水混排口的出现，确保黑臭水体治理效果。

四是农业退水处置。实施农田退水污染综合治理，推进生态沟道、污水净塘、人工湿地、植物隔离条带等生态拦截净化工程，加强农田退水循环利用。

四、经济转型发展创新区实施路径

坚定不移贯彻落实新发展理念，把资源节约和生态保护融入高质量发展全过程、各领域，在节约、综合、高效利用资源上持续发力。

（一）经济结构调整方面

一是要扎实推进结构改造攻坚行动，围绕调优种养业结构，以龙头企业为依托，以产业园区为支撑，以特色发展为目标，健全质量标准，提高技术水平，完善冷链体系，实施品牌战略，加快建立现代农业产业体系、生产体系、经营体系，促使更多宁夏特色农产品走向市场。

二是要全面落实全流域产业准入负面清单，清理整顿黄河岸线内列入负面清单的产业和项目，严控资源消耗大、环境污染重、投入产出低的行业企业发展，建立"散乱污"企业整治长效机制，支持高耗能企业联合重组、上大压小，加快化解和淘汰低端落后产能，实现制造业结构再造。

三是扎实推进绿色改造攻坚行动，以工业能效水效提升、资源综合利用攻坚、绿色制造典型示范为重点，大力推进绿色标准、绿色技术、绿色工艺、绿色产品，建设绿色车间、绿色工厂、绿色园区，加强节能环保技术、工艺、装备推广应用，加快推进循环经济发展综合利用，推动传统产业能效对标提升，打造经济发展的"绿色引擎"。

四是要扎实推进智能改造攻坚行动，抓住产业数字化、数字产业化机遇，深化制造业和互联网融合发展，推动关键岗位、生产线、车间、工厂实施"设备换芯、生产换线、机器换人"，实施一批智能装备、智能生产、智能管理、智能应用项目，全面提升企业研发、生产、管理、服务的智能化水平。

（二）产业转型升级方面

一是要大力发展清洁能源产业，推动风能、光能、氢能等清洁能源产业一体化配套发展，重点支持风电装备制造、太阳能电池及组件、氢能基础设施等配套产业发展，推动煤炭绿色开发和智能化生产，推进煤电高效清洁发展，高标准建设国家新能源示范区。

二是要大力发展现代煤化工产业，推动煤制油、煤制烯烃等煤化工产业精细化发展，实施煤制油质量效益提升工程，支持煤制烯烃、煤制乙二醇、氨纶芳纶等项目建设，打通产业链条。

三是要大力发展新型材料产业，推动金属材料、电池材料、碳基材料等新型材料产业向下游延伸，向高纯度、高精度、高性能方向发展，积极拓展在航空航天、国防工业、精密加工等领域的产品应用。

四是要大力发展绿色食品产业，推动功能食品、营养食品、保健食品等绿色食品产业发展壮大，延长食品深加工产业链。发展"工厂＋基地"模式，提高产品附加值、竞争力、美誉度，促进特色农产品从田间到餐桌、从牧场到冰箱、从种养到观光休闲链式发展。大力发展电子信息产业，加快 5G 网络、数据中心、工业互联网等新型基础设施建设，推动云计算、大数据、物联网、人工智能等新一代信息技术同工业、农业、文化旅游、电子商务融合发展，不断形成新的增长点。

参考文献

[1]李霞.黄河宁夏段生态保护和高质量发展路径选择[J].区域治理，2019（01）

[2]朱思远，陆立国，顾靖超.黄河宁夏段河道淤积发展趋势分析[J].宁夏工程技术，2010（09）

[3]雷俊华，苏时鹏，余文梦，等.中国省域化肥面源污染时空格局演变与分组预测[J].中国生态农业学报（中英文），2020（28）

[4]刘静.退耕还林后黄土高原植被覆被变化过程及未来分布预测[D].中国科学院大学（中国科学院教育部水土保持与生态环境研究中心），2019

[5]习近平.在黄河流域生态保护和高质量发展座谈会上的讲话[J].求是，2019（20）

［该文入选全区党校（行政学院〈校〉）系统学习宣传贯彻习近平总书记视察宁夏重要讲话精神理论研讨会］

建设黄河流域生态保护和高质量发展先行区的理论依据与实践要求

李晓丽

摘要：宁夏要建设好黄河流域生态保护和高质量发展先行区需要始终坚持绿水青山就是金山银山的发展理念，主动承担起"共同抓好大保护"的责任担当，积极落实好"协同推进大治理"的目标要求，准确把握住生态保护和高质量发展的辩证关系。

关键词：黄河流域；生态保护和高质量发展先行区；理论依据；实践要求

2020 年 6 月 8—10 日，习近平总书记视察宁夏并发表重要讲话，明确要求"要把保障黄河长治久安作为重中之重，实施河道和滩区综合治理工程，统筹推进两岸堤防、河道控导、滩区治理，推进水资源节约集约利用，统筹推进生态保护修复和环境治理，努力建设黄河流域生态保护和高质量发展先行区"。这是总书记基于宁夏在全国大局、黄河流域的生态定位和生态地位，赋予宁夏新的时代重任，为新时代宁夏经济社会发展指明了方向。贯彻落实好建设黄河流域生态保护和高质量发展先行区的时代重任，需要深刻理解和准确把握其理论依据与实践要求。

一、建设黄河流域生态保护和高质量发展先行区的理论依据

黄河横贯我国东中西三大战略区域，流域面积涉及我国 9 个省区，在我国经济社会发展和生态安全方面具有十分重要的地位。推动黄河流域生态保护和高质量发展是事关保障国家生态安全、推进国家经济高质量发展、打赢脱贫攻坚战和全面建成小康社会的千秋大计，对新时代进一步推动我国经济社会发展具有很强的现实意义。宁夏是推动黄河流域生态保护和高质量发展国家重大战略落地生根的主体之一，必须从全国大局、黄河流域和宁夏自身角度出发，发挥后发优势，努力建设黄河流域生态保护和高质量发展先行区，为国家发展注入新的动力。

（一）从全国大局来看，宁夏必须肩负使命

一是宁夏战略位置突出。宁夏地处我国西北内陆，位于我国地理版图的几何中心，是国家安全的重要支点。宁夏位于我国"两横三纵"城市化战略格局中包昆通道纵轴的北部，是连接华北与西北的重要交通枢纽，战略位置十分突出。大力推动宁夏生态环境保护和经济高质量发展是夯实战略支点基础、维护战略支点功能的必然举措。

二是宁夏生态环境重要。宁夏辖区内有"一河三山"（一河，黄河宁夏段；三山，由北到南依次是贺兰山、罗山和六盘山），不仅是维系宁夏生态环境平衡的关键要素，更是全国重要的生态节点、华北地区重要的生态屏障和西北地区重要的生态廊道，是我国生态安全屏障的重要组成部分。保护好宁夏的生态环境，不仅事关宁夏人民对美好生活的向往，更事关全国人民对美好生活的向往。因此，保护好宁夏生态环境、促进宁夏经济高质量发展是宁夏之于全国应尽的义务和必须履行的责任。

三是宁夏黄河文脉宝贵。宁夏是中华文明的发祥地之一，历史上曾是东西部交通贸易的重要通道。作为黄河流经的地区，这里同样有古老而悠久的黄河文明。黄河文明是中华文明的重要组成部分，是坚定文化自信的理论根基。新时代，宁夏大力推动黄河流域生态保护和高质量发展就是保护黄河文脉、坚定文化自信的切实表现。

四是宁夏经济发展滞后。宁夏是我国经济欠发达地区，发展基础薄弱，传统产业转型升级滞后，开放程度低，发展不充分，生态环境脆弱。从经度上看，宁夏地处我国西部地区，与东部沿海发达省份相比，经济发展滞后；从纬度上看，宁夏处于我国北方地区，与南方地区相比，区域经济差距较大，并在不断拉大。宁夏是黄河流域脱贫攻坚战的主战场，贫困人口较多，贫困面广，贫困度深，返贫率高，是我国脱贫攻坚战的"硬骨头"。黄河流域生态保护和高质量发展重大国家战略的实施是推进我国区域经济协调发展的重要举措，为宁夏进一步保持脱贫攻坚战果、实现全面小康社会提供了机遇。必须抓住发展机遇，补齐短板，缩小差距，坚决打赢脱贫攻坚战，努力建设黄河流域生态保护和高质量发展先行区。

五是宁夏使命责任重大。黄河流域生态保护和高质量发展是统筹推进"五位一体"总体布局、协调推进"四个全面"战略布局的重要内容。黄河流域生态保护和高质量发展的主要目标任务是着力加强黄河流域生态环境保护、保障黄河长治久安、促进流域高质量发展、改善流域人民群众生活、保护和传承好黄河文化，让黄河成为造福人民的幸福河。推动黄河流域生态保护和高质量发展是对黄河流域地区生态保护、政治稳定、经济发展、社会进步和文化传承提出的具体要求，是对"五位一体"总体布局的具体落实，也是对"四个全面"战略布局的积极响应。宁夏作为黄河流域九省区之一，是推进国家发展的重要力量，使命责任重大。所以，宁夏必须勇于担当，积极作为，作出表率，发挥先锋模范带头作用，通过科学立法、深入推进社会经济各领域改革、加强生态环境保护等措施，激发内生动力，出色地完成国家赋予的这项重任。

(二) 从黄河流域来看，宁夏具备发展条件

宁夏是黄河流域 9 个省区中唯一——个全境都属于黄河流域的省份，自古以来受黄河滋养润泽。习近平总书记视察宁夏时指出，自古以来，黄河水滋养着宁夏这片美丽富饶的土地，今天仍在造福宁夏各族人民。

宁夏要有大局观念和责任担当，更加珍惜黄河，精心呵护黄河，坚持综合治理、系统治理、源头治理，明确黄河保护红线底线，统筹推进堤防建设、河道整治、滩区治理、生态修复等重大工程，守好改善生态环境生命线。宁夏因黄河而兴、因黄河而美、因黄河而强，全区主要生产生活用水都依赖着黄河。因此，保护黄河势在必行。

（三）从宁夏自身来看，宁夏充满建设热情

宁夏总面积 6.64 万平方千米，总人口 694.66 万人，地域面积适中，人口基数不大，有利于在党的坚强领导下，发挥社会主义集中力量办大事的优势，大力推进生态环境保护，促进经济高质量发展。宁夏下辖五市，有 4 个城市（中卫市、吴忠市、银川市、石嘴山市）沿黄而建。因黄而起，还有一个城市（固原市）也是引黄灌溉区。宁夏全区受惠于黄河，对黄河有着无比深沉的爱，具有建设黄河流域生态保护和高质量发展先行区的强烈意愿。

宁夏是回族自治区，是我国 5 个少数民族自治区之一，少数民族人口约占全区总人口的 1/3。建设黄河流域生态保护和高质量发展先行区有利于改善少数民族群众居住环境，促进少数民族群众增收，进而构建和谐社会、维护民族团结，实现中华民族大家庭的繁荣稳定。同时，宁夏近年来在生态环境保护上也取得了一定成效，高质量发展也迈开了步伐，为建设黄河流域生态保护和高质量发展先行区奠定了一定的基础。例如，宁夏近年来已完成黄河宁夏段防洪综合治理，建成 416 公里标准化堤防，黄河宁夏段连续两年出境断面水质保持 Ⅱ 类；2011—2019 年完成沙漠化土地治理 103.72 万公顷等；新经济、新材料、现代特色农业和全域旅游如火如荼。因此，宁夏各族干部群众对建设黄河流域生态保护和高质量发展先行区充满热情和信心。

二、建设黄河流域生态保护和高质量发展先行区的实践要求

2019 年 9 月 18 日，习近平总书记在黄河流域生态保护和高质量发展座谈会上强调："治理黄河，重在保护，要在治理。要坚持山水林田湖草综合治理、系统治理、源头治理，统筹推进各项工作，加强协同配合，推动黄河流域高质量发展。要坚持绿水青山就是金山银山的理念，坚持生态优先、绿色发展，以水而定、量水而行，因地制宜、分类施策，上下游、干支流、左右岸统筹谋划，共同抓好大保护，协同推进大治理，着力加强生态保护治理、保障黄河长治久安、促进全流域高质量发展、改善人民群众生活、保护传承弘扬黄河文化，让黄河成为造福人民的幸福河。"这为黄河流域九省区推进落实黄河流域生态保护和高质量发展重大国家战略指明了方向。

2020 年 6 月 8—10 日，习近平总书记视察宁夏后再次强调："要牢固树立绿水青山就是金山银山的理念，统筹山水林田湖草系统治理，优化国土空间开发格局，继续打好蓝天、碧水、净土保卫战，抓好生态环境保护。要把保障黄河长治久安作为重中之重，实施河道和滩区综合治理工程，统筹推进两岸堤防、河道控导、滩区治理，推进水资源节约集约利用，统筹推进生态保护修复和环境治理，努力建设黄河流域生态保护和高质量发展先行区。"这为宁夏具体推动黄河流域生态保护和高质量发展提供了行动方案，更是宁夏建设黄河流域生态保护和高质量发展先行区的实践要求。

（一）始终坚持绿水青山就是金山银山的发展理念

习近平总书记提出的绿水青山就是金山银山的发展理念，是我们党对客观规律认识的重大成果，是处理发展问题的重大突破，是生态文明理论的重大创新，是习近平新时代中国特色社会主义思想的重要内容。绿水青山就是金山银山的发展理念，是实现经济社会发展与生态环境保护有机统一的绿色发展，是我们走向高质量发展、文明发展的必由之路。宁夏必须在绿水青山就是金山银山的发展理念指引下，保护好生态环境，为经济高质量发展奠定坚实的环境基础。同时，在保护环境的前提下大力发展现代特色农业、现代工业和产业体系完整的服务业，在有限的资源空间里促进"三产"融合发展，从绿水青山中找到金山银山。

（二）主动承担起"共同抓好大保护"的责任担当

宁夏地理环境特殊，区域位置关键，责任使命重大。要抢抓机遇，通过黄河流域生态保护和高质量发展战略平台，与黄河流域其他省份携手保护好母亲河，治理好母亲河，担负起应尽的责任。要加强顶层设计，狠抓责任落实，强化监督检查，系统谋划黄河、贺兰山、六盘山、罗山"一河三山"和森林、草原、湿地、流域、农田、城市、沙漠"七大生态系统"保护修复，持续抓好重大生态工程，确保森林覆盖率、城市绿地率、草原综合植被盖度有新的提升。宁夏要围绕黄河流域生态保护和高质量发展主线，依据自然发展规律，划分生态修复区域，统筹规划、长远考量，科学制订生态环境综合整治工作方案，重点实施黄河支流源头水源涵养林建设、黄河支流两岸水土保持林建设、黄河干流绿色长廊建设、黄河两岸沙化土地治理、沿黄湿地保护修复建设等十大生态工程，发扬钉钉子精神，一任接着一任干，做好黄河流域生态保护和高质量发展的排头兵。

（三）积极落实好"协同推进大治理"的目标要求

习近平总书记指出，保护黄河，重在保护，要在治理。宁夏要在协同治理上下工夫。要依据黄河水沙变化规律，完善水沙调控机制，解决九龙治水、分散治理、分头管理等问题，依靠科学技术，实施河道和滩区综合提升工程，滞沙截沙，减沙固沙，防沙用沙，减缓黄河下游淤积，确保黄河岁岁安澜，确保沿岸人民群众生命财产安全。要从实际出发，科学用水、节水控水，根据黄河沿岸城市发展状况，因地制宜，集约发展，提高经济和人口承载能力，大力发展节水产业，提高群众节水意识，积极探索富有地域特色的高质量发展新路子。要积极参与"一带一路"建设，抓住对外开放和改革契机，提高对外开放水平，推进协同治理，以开放促改革，以改革促发展。

（四）准确把握住生态保护和高质量发展的辩证关系

生态保护和高质量发展不是相互割裂的个体，而是既相互独立又相互统一的辩证关系。首先，生态保护是高质量发展的前提和基础。生态环境是一切自然生物赖以生存的基础，是生产力三要素（劳动者、劳动工具、劳动对象）的基本来源。优质的生态环境可以为社会发展提供优美的环境、肥沃的土壤和充足的劳动资料（第一产业的农田、第二产业的原材料、第三产业的人居环境和旅游资源等），恶劣的生态环境不但对社会发展无益，还会对人的生存带来严重威胁。因此，只有优质的生态环境才能确保经济社会高质量发展。其次，高质量发展是生态保护的物质保障。生态保护是一项系统性工程，既需要退耕还林还草的"无为"而治，也需要防风固沙、植树造林的"有为"之行。"无为"而治需要还利于自然，减少自然资源型生产资料的使用，这就需要企业走高质量发展的道路，转变生产理念和生产模式，加大生产技术创新，提高产品附加值，保障企业收入；"有为"之行更需要大量人力、物力、财力的投入，这更需要企业走高质量发展的道路，通过转型升级实现可持续发展，并获得更多的盈利，进而为生态保护投入更多的资金、提供更充足的物质保障。因此，保护生态环境就是促进高质量发展，促进高质量发展也会进一步推动生态环境保护。

参考文献

[1]习近平.在黄河流域生态保护和高质量发展座谈会上的讲话[J].求是，2019（20）

[2]习近平在宁夏考察时强调 决胜全面建成小康社会决战脱贫攻坚继续建设经济繁荣民族团结环境优美人民富裕的美丽新宁夏[EB/OL].人民网，2020-07-09.http：//hn.people.com.cn/GB/n2/2020/0709/c397805-

34145323.html

[3]习近平主持召开中央财经委员会第六次会议[EB/OL].新华网，2020-01-03http：//www.xinhuanet.com/politics/2020-01/03/c_1125420604.htm

[4]习近平.决胜全面建成小康社会 夺取新时代中国特色社会主义伟大胜利[M].人民出版社，2017

[5]蒋文龄.黄河流域生态保护和高质量发展的战略意蕴[N].经济日报，2020-5-11

[6]安树伟，李瑞鹏.黄河流域高质量发展的内涵与推进方略[J].改革，2020（01）

[7]任保平.黄河流域高质量发展的特殊性及其模式选择[J].人文杂志，2020（01）

[8]陈晓东，金碚.黄河流域高质量发展的着力点[J].改革，2019（11）

[9]周文，李思思.高质量发展的政治经济学阐释[J].政治经济学评论，2019（07）

[10]宋丙涛.黄河流域高质量发展的内涵是公共经济发展[J].区域经济评论，2020（01）

[11]陈耀.黄河流域生态保护和高质量发展战略的思考要点[J].区域经济评论，2020（01）

[12]张可云.推动黄河流域生态保护和高质量发展的战略思考[J].区域经济评论，2020（01）

[13]黄寰.同为母亲河 共抓大保护[J].区域经济评论，2020（01）

[14]程小旭.黄河流域生态保护和高质量发展的现实意义[N].中国经济时报，2019-9-24

[15]牛建强.抓住保护传承和弘扬黄河文化新的历史机遇[J].人民黄河，2019（10）

[16]总书记为何赋予宁夏这项重任？[EB/OL].新华社"新华视点"，

2020-06-11https://weibo.com/ttarticle/p/show?id=2309404514557732192417

[该文入选全区党校（行政学院〈校〉）系统学习宣传贯彻习近平总书记视察宁夏重要讲话精神理论研讨会]

黄河流域宁夏段以协同推进大治理为政策导向实现高质量发展的路径研究

任德靖

摘要：习近平总书记强调：黄河生态系统是一个有机整体，要更加注重保护和治理的系统性、整体性和协同性。[1]黄河流域是中华农耕文明的发祥地之一，也是我国自然资源和历史文化资源非常丰富的地区，但黄河流域内生态环境脆弱，流域内各地区的资源禀赋和经济发展状态差异较大，要实现黄河流域生态保护和高质量发展，必须深入落实生态文明思想，系统梳理绿色发展理念和协调发展理念相结合的总体思路，以期以协同推进大治理为政策导向，探索实现黄河流域高质量发展的路径。

关键词：协同治理；黄河流域；高质量发展

2019年9月，习近平总书记主持召开黄河流域生态保护和高质量发展座谈会时强调："要坚持绿水青山就是金山银山的理念，坚持生态优先、绿色发展，以水而定、量水而行，因地制宜、分类施策，上下游、干支流、左右岸统筹谋划，共同抓好大保护，协同推进大治理，着力加强生态保护治理、保障黄河长治久安、促进全流域高质量发展、改善人民群众生活、保护传承弘扬黄河文化，让黄河成为造福人民的幸福河。"[1]黄河发源于青海省巴颜喀拉山脉的雅合拉达合泽山（海拔5442米）东麓的约古宗列渠，自西向东流经青海、四川、甘肃、宁夏、内蒙古、山西、陕西、河南、山东九省区，注入渤海，全长5464平方公里，流域面积达742443平方公里，是我国的第二大长河。黄河流域是中华农耕文明的发祥地之一，天下黄河富宁夏，地处黄河上游的宁夏区域，地势平坦，夏季光照充足，灌溉水源丰富，依黄河而生，因黄河而兴，有"塞上江南"之称。通过深入学习习近平总书记在黄河流域生态保护和高质量发展座谈会上的讲话精神，系统梳理黄河流域宁夏段协同推进大治理的总体思路，以期以协同推进大治理为政策导向为黄河流域宁夏段寻求高质量发展的路径。

一、黄河流域宁夏段协同推进大治理的总体思路

习近平总书记强调要"上下游、干支流、左右岸统筹谋划，共同抓好大保护，协同推进大治理，促进全流域高质量发展"[2]。在协同推进黄河流域宁夏段高质量发展的过程中，应着重强调黄河流域发展的系统规划、整体推进与协同治理。

（一）推动黄河流域高质量发展需要进行系统规划

黄河是一个有机整体，黄河流域的高质量发展也是一项复杂的系统工程。它要兼顾自然系统、经济系统和社会系统的共同发展。黄河流域的高质量发展，表象在黄河，根子在流域。要实现高质量发展，就要顺应自然属性，尊重自然规律，实施全流域统筹兼顾，协同治理；就要协调好流域上中下游及人与自然的关系，提升资源环境与生态安全的承载能力；就要协调好黄河从源头到河口的区域统筹、科学管控以做好生态环境保护与综合治理。因此，黄河流域的高质量发展要站在流域系统治理和区域协调发展角度，将沿黄区域城市建设、环境治理、生态保护、文化传承、沿水景观等一体规划布局，构建优势互补、互利共赢的黄河流域发展新格局。这就需要以协同推进大治理为政策导向，站在系统规划和全局高度打破一地一段一岸的局限，避免过度开发与利用资源导致的自然系统发展滞后，协调解决跨区域重大生态环境问题，实现上下游互补性发展，通过推进各系统的和谐共生，实现黄河流域的高质量发展。

（二）推动黄河流域高质量发展需要具备整体推进的思路

流域是一种特殊类型的区域，它以河流为中心、被分水岭所分割，是整体性极强、关联度很高的区域。不仅流域内的各种自然要素之间联系密切，而且流域上中下游之间、干支流之间、左右岸之间的相互制约、相互影响也很显著。因此，流域内任何区域的开发都必须考虑流域整体利益，考虑给整个流域带来的影响和后果。黄河流域的高质量发展也要协调好水资源开发和目标主体之间的关系。

一是推动黄河流域高质量发展需要从创新、协调、绿色、开放、共享的新发展理念出发。宁夏段的开发也要依据全流域整体的产业发展、流域治理、社会发展等状况设计整体高质量发展的治理机制。流域治理与其他要素亦有着紧密的内在逻辑关联，在推动高质量发展过程中，应加强沿黄9个省区之间的创新技术合作与人才交流，共同搭建科技资源、创新基础设施的开放共享平台，以创新驱动促进发展动力实现新旧转换。

二是在以生态保护为导向的同时，黄河流域各行政主体可以基于协商一致的原则来整体完善生态环境管理制度，建立多元主体共同参与的环境治理体系，探索建立跨区域的大气、水质监测体系，尤其注意建立跨省污染的预警、应急联动机制。

三是推动黄河流域高质量发展，应着眼于整体布局。开放是高质量发展的必由之路，在对内开放方面，应充分发挥各区域的比较优势，构建区域开放合作平台，积极吸纳先进技术、高端人才等要素，引导创新能力强、发展潜力大的优势产业集聚，并进一步推进与其他区域政府的跨区域、多层次、多形式的合作。在对外开放方面，面对中美贸易摩擦加剧、全球价值链重构等诸多外部环境的制约，沿黄九省区应当顺应经济发展的新要求，着力提高出口企业的生产率，帮助企业获得持续的贸易竞争优势，积极参与共建"一带一路"，从而形成全面开放的新格局。

(三) 推动黄河流域高质量发展需要协同治理的理念

黄河流域流经 9 个省区 329 个县，要实现高质量发展需要建立起区域之间在经济发展、生态环境等多方面的协调发展机制。要协同推进生态环境治理和高质量发展，在高质量发展的思路及战略实施等方面依据各地区的比较优势进行分工，要立足于区域利益协调原则，在协商一致的基础上探索建立一体化的发展规划与跨区域的利益共享机制，处理好政府与市场、经济发展与环境保护之间的关系，从流域全局发展视角出发，着眼于地方发展的特点，因地制宜，调整各地区的产业空间结构以实现优势互补、合作共赢。另外，还要围绕保护与治理的发展主题，根据"共同抓好大保护，协同推进大治理"的战略思路着力加强本地区的生态保护治理，将黄河流域的生态问题作为规划重点进行研究，以协同治理实现黄河流域高质量发展这一目标。

二、黄河流域高质量发展的体制和机制保障

黄河的保护，是事关中华民族伟大复兴和永续发展的千秋大计；黄河的治理，是安民兴邦的大事；黄河的保护和治理，是流域人民岁月静好、生活幸福之所在。黄河治理的实践背后，体现出的是千百年来中国人对自然的认识之变。习近平总书记指出"让黄河成为造福人民的幸福河"。在推动黄河流域高质量发展的过程中，体制机制的改革创新是保障高质量发展的重要内容，建议对其进行深入的探索。以探索出一套符合市场规律的合作机制来推动黄河流域的经济发展，并且努力形成一股合力助推黄河流域生态保护和高质量发展。这就需要有顶层设计，统筹推进资源的自由流动进而提高其配置效率，同时还要转变政府职能，通过简政放权等方式营造良好的营商环境，进一步推动黄河流域实现高质量发展。

（一）建立黄河流域水资源协同治理委员会

浙江省实施的河长制，曾在全国范围内推广，从各地实行后反馈的情况看，它的积极作用大于消极作用。建议将河长制引进到黄河流域的管理机构中来，这一方面是对河长制的完善，另一方面也是对流域管理机构职权加强的创新。河长制的问责主体一般是责任主体的下级（多为环保部门）或者责任主体的上级，由于利益关系的存在，很难得到贯彻落实。如果出现上级对下级问责的时候，上级还需承担连带责任，这种情况下，很难保证问责结果的真实性。这种问责制的实践至今也是报喜不报忧状况较多，真正的"一票否决"几乎未见。目前河长问责制是一种基本上有利于河长的制度设置。[3]取其优点，补其不足，黄河流域的河长可以对流经各地的河长形成补充、监督和配合，共同对黄河水资源进行协同治理。在相应河段设置河长牌，标明主要负责人、联系方式及负责范围，可以方便社会公众监督和及时反映流域情况。以宁夏为例，《宁夏回族自治区全面推行河长制工作方案》，建立健全并加快推行河长制各项制度，包括建立河长责任制、部门联动制、全民参与制，实行断面交接制、联合督察制、考核问责制，实行河长会议制、河长工作联席会议制、推进工作评估验收制等。建立信息共享制度，充分运用互联网、物联网、云计算、大数据平台等现代信息技术，建立全区河湖管理保护信息系统，实现河湖管理保护信息共享与动态监控。2019 年 7 月 29 日—8 月 2 日，黄河上中游管理局组织黄河水土保持西峰治理监督局、宁夏水利厅及项目所在地市、县水行政主管部门组成联合督察组，对黄河宁夏河段二期防洪工程、上海庙换流站 750kV 接入工程、750kV 太阳山—六盘山—平凉输变电工程及宁夏积家井矿区宋新庄煤矿 4 个部管生产建设项目水土保持工作开展了监督检查。这种在治理上补短板、协同治理的方式可以更好地做好一个段的工作。国外的机构设置中，流域管理机构拥有较大的权力，而在我国的流域体制中，黄河流域管理机构只是水利部的派出机构，承担的更多的是协调者的责任。[5]因此，建议借鉴美国TVA管理模式，即流域管理机构既要具有政府的某些权力，又要具有企业的某些优势，如灵活性和主动性。主要包括以下特点：一是属于政府的一个机构，对中央负责；二是法律授予高度的自治权；三是有专门的经费可以进行自主开发。可以在黄委会内部建立全流域水资源协同治理委员会，委员由黄河流域内各级河长担任，协调各省的治理活动。然后统一制定并签署环保协议，各省在遵循环保协议的前提下，共同治理黄河。

（二）建立黄河流域上下游的信任机制与生态补偿机制

流域的不同地区之间必须建立有效的沟通机制，以防范和解决因水资源利用或污染所导致的各种纠纷，但是"典型的市场治理或科层治理机制已经无法解决跨界水资源多维属性的复杂问题，其治理效果和效率在不断降低"。因此，要建立黄河流域上下游的良好沟通机制和生态补偿机制，以加强黄河流域高质量发展的空间管控。

首先，建立信任机制。沟通的前提是信任。"如果完全不信任，在自由行动者之间的合作将会失败。"[6]由此可见，信任机制是协同治理的基础性机制，也是上下游沟通对话的基础。信任机制的主要优点：一是各组织之间的信任越强，政府强制性的公权力运用的就会越少，组织之间的合作关系就越灵活；二是降低协同治理的信息收集、监督成本，提高治理效率；三是促进知识共享和相互学习。[7]美国印第安纳大学帕克博博士认为，信任的产生主要有三种方式，分别是以制度、过程、社会文化为基础产生的信任。因此，可以通过完善政治制度和发展公民社会来加强信任机制建设，为治理跨界污染营造一个良好的氛围。

其次，建立生态补偿机制。党的十八大将生态文明建设纳入"五位一体"建设中来，同时也开始高度重视生态补偿机制。其中，水流域生态补偿机制是生态补偿机制的重点。黄河流域的整体发展需要各省区协同合作，可以建立"黄河流域水资源、水环境管理监督委员会"，统一管理监督黄河流域的水资源、水环境。此委员会可以作为顶层设计中的最高领导机构，环保部和水利部参与其中，具体成员由各省政府领导组成。在此体制下，通过对黄河流域水资源的管理，形成流域大保护大治理大利用的多方工作机制，可以打破环保、水利与地方的条块分割管理格局，可以打破流域各省区各自为政的局面，形成流域各省区高质量协同发展的新格局。而各省区的协同合作又需要制度支撑，建立联席会议制度，将为各省区提供一个交流合作的平台，这有利于各省区的经验借鉴与共同进步，为黄河流域的整体发展提供强有力的制度支撑。这种由最高机构领导、地方政府联盟的机构所形成的制度，一方面从整体利益出发，具有权威性；另一方面可以兼顾各地方的利益；再者，为各省区提供工作上的政策指导。此外，因为有环保部和水利部的参与，这对贯彻落实国家环保政策和水利政策也起到了一定的监督作用，也为各省区的政策实施提供了具有约束力的体制保障。

三、黄河流域宁夏段以协同推进大治理为政策导向的高质量发展路径探索

习近平总书记指出："黄河水资源量就这么多，搞生态建设要用水，发展经济、吃饭过日子也离不开水，不能把水当作无限供给的资源……要坚持以水定城、以水定地、以水定人、以水定产，把水资源作为最大的刚性约束，合理规划人口、城市和产业发展，坚决抑制不合理用水需求，大力发展节水产业和技术，大力推进农业节水，实施全社会节水行动，推动用水方式由粗放向节约集约转变。"水资源的合理开发利用需要立足于黄河流域整体状况进行统筹调度。

（一）黄河流域宁夏段的高质量发展需要绿色发展战略为其筑牢生态之基

宁夏深处内陆，远离海洋，是全国水资源最为贫乏的省区之一，地表水资源最少，仅有 9.71 立方米，只有全国平均值的 6%。黄河过境水是宁夏最可依赖的水源，在境内流程 397 公里，多年平均过境流量 325 亿立方米，国家调配可利用水资源 40 亿立方米（实际利用仅为 33.0 亿立方米，且逐年减少），全区人均水资源占有量仅为黄河流域人均值的 1/3、全国人均值的 1/12。宁夏不仅是一个相对缺水的区域，还是一个工农业用水有效利用率低的区域。究其原因在于农业水利设施老化严重，引水渠道渗漏频发，农田灌溉漫灌、串灌现象普遍，这不仅浪费了水资源，而且提高了地下水位，导致土壤盐碱化。此外，宁夏水利资源在地区上的分布也极不平衡，绝大部分在北部引黄灌区，而中部干旱丘陵区最为缺水，不仅地表水量小，且水质含盐量高，多属苦水或因地下水埋藏较深，灌溉利用价值较低。在水资源严重匮乏并浪费严重的情况下，水污染情况也相当严重，除了来自工业排污和城市排污外，农村农业污染也是影响农村环境、农业生产和粮食增收的重要因素。以生态优先作为黄河流域的发展背景，在推动黄河流域发展的过程中，坚持绿水青山就是金山银山的理念，规避以过度开发资源为代价的经济增长方式。以绿色发展作为区域发展规划的战略方向，抑制不合理的居民生活与生产用水需求。黄河流域宁夏段水旱灾害防御中心（原名黄河治理办公室）根据宁夏各县（市、区）"十三五"发展规划、相关行业的发展规划等，制定 2018 年、2019 年、2020 年万元地区生产总值用水量比 2015 年下降比例、万元工业增加值用水量比 2015 年下降比例、灌溉水利用系数、城镇供水管网漏失率、工业用水重复利用率、再生水回用率等水资源高效利用策略方面的控制指标，见表 1 及表 2。

表 1　宁夏各县（市、区）不同阶段水资源高效利用策略控制指标

地级行政区	县(市、区)	万元地区生产总值用水量比 2015 年下降(%)			万元工业增加值用水量比 2015 年下降(%)			灌溉水利用系数		
		2018 年	2019 年	2020 年	2018 年	2019 年	2020 年	2018 年	2019 年	2020 年
中卫市	沙坡头区	15	20	25	11	15	19	0.500	0.513	0.525
	中宁县	15	20	25	11	14	18	0.517	0.524	0.530
吴忠市	青铜峡市	15	20	25	11	14	18	0.498	0.512	0.525
	利通区	15	20	25	9	12	15	0.512	0.521	0.530
银川市	灵武市	15	20	25	8	11	14	0.510	0.518	0.525
	永宁县	15	20	25	9	12	15	0.514	0.520	0.525
	兴庆区	16	22	27	9	12	15	0.522	0.526	0.530
	贺兰县	15	20	25	8	11	14	0.515	0.520	0.525
石嘴山市	平罗县	15	20	25	10	13	16	0.517	0.521	0.525
	惠农区	15	20	25	12	16	20	0.523	0.527	0.530

表 2　宁夏各县（市、区）不同阶段水资源高效利用策略控制指标

地级行政区	县(市、区)	城镇供水管网漏失率(%)			工业用水重复利用率(%)			再生水回用率(%)		
		2018 年	2019 年	2020 年	2018 年	2019 年	2020 年	2018 年	2019 年	2020 年
中卫市	沙坡头区	10.6	10.3	10.0	80.0	82.5	85.0	36.6	43.3	50.0
	中宁县	10.6	10.3	10.0	77.5	81.3	85.0	36.6	43.3	50.0
吴忠市	青铜峡市	10.3	10.1	10.0	75.0	77.5	80.0	35.0	42.5	50.0
	利通区	10.3	10.1	10.0	77.5	81.3	85.0	35.0	42.5	50.0
银川市	灵武市	10.4	10.2	10.0	90.0	92.5	95.0	48.0	49.0	50.0
	永宁县	10.4	10.2	10.0	90.0	92.5	95.0	47.5	48.8	50.0
	兴庆区	10.4	10.2	10.0	90.0	92.5	95.0	36.0	43.0	50.0
	贺兰县	10.4	10.2	10.0	90.0	92.5	95.0	47.5	48.8	50.0
石嘴山市	平罗县	10.8	10.4	10.0	84.0	87.0	90.0	31.0	35.5	40.0
	惠农区	10.8	10.4	10.0	84.0	87.0	90.0	20.0	30.0	40.0

此外，在宁夏南部山区，坡改梯田的修建经过了人工修筑、人机结合和以机修为主的发展阶段。将坡耕地改造成梯田，能够有效接纳和蓄存天然降水。据观测，梯田可以拦蓄"山地径流 92.4% 以上，控制泥流 87.6% 以上"的水土流失，基本上可以做到"水不出田、泥不下坡"。实践证明，坡改梯田具有明显的蓄水、保墒作用。着眼于黄河水资源的利用与调度，以黄河流域的水土资源作为各省区发展的刚性约束，实施全社会节水行动，通过合理规划发展方向及节水产业的发展，推动用水方式的转变与用水效率的提高，避免黄河流域的水资源浪费或污染。绿色发展的方式归于绿色，目的仍是发展，走水资源高效利用的道路是实现黄河流域高质量发展的选择。

（二）因地制宜、分类施策，实现黄河流域的开放发展

实现黄河流域的现代化发展，应以广袤的土地和开放包容的态度与其他地区进行合作，实现共赢，在实现黄河流域高质量发展的同时推动区域协调发展，以开放促进发展。黄河流域流经的宁夏区域，与南方在气候、生态自然上存在较大差异，这里有南方所不具有或缺少的沙漠、沙棘、野果、窑洞、荒山、羊群等；有散落在各地的古堡子遗址，像原州区的大营城、同心下马关古城、盐池高平堡等，大多都在荒草丛生的野滩，这些古城遗址周围的基础设施，包括旅游设施都较为缺乏。宁夏地方虽小，却涵盖了西北地区地形地貌和景观景致的所有特征。如果将这些传统农耕文化遗产和人文景观与黄河流域的其他景观共同开发，以黄河文化为纽带，形成旅游线路，并在发展过程中弘扬黄河文化优势，通过区域特色环境建设和基础设施条件改善，吸引国内游客，并将产品赋予文化内涵，提高其产品附加值，生产具有黄河特色的高质量产品，推动黄河流域的高质量发展。发挥区位优势，积极融入黄河流域经济带建设，发挥对相关国家的辐射作用，在黄河流域实施高质量的对外开放，不仅仅是经济的对外开放，而且可以涉及政治文化的交流沟通。因为黄

河是中华文明的主要发源地，有深厚的历史文化底蕴。可以通过打造黄河流域不同区域的优质品牌，实现黄河流域高质量的对外开放，向国际传递真实、全面的中华文化、黄河文化，最终实现资源优势向经济优势、文化优势的转化。

（三）将黄河流域作为一个有机整体，共同抓好大保护，协同推进大治理

黄河流域的高质量发展需要各省区的协同发展，即着眼于黄河流域的整体布局，调整各地区的产业空间结构以实现优势互补、合作共赢。具体而言，对于黄河上游地区，各省区应从其地区实际出发，在坚定不移走高质量发展道路的前提下，以流域生态保护与资源的合理利用为发展基础，积极推进实践创新，依据本地发展特征因地制宜、精准施策，构建有地域特色的现代产业体系。经过几年的探索，宁夏引黄灌区形成了以稻田养殖为代表的土地综合种养技术，采用"用养结合"的方式，利用耕地资源，发展出了平翻耕法、保墒耕法、深松少耕法、砂田耕法、轮作耕法、水平沟耕作法和垄沟耕作法等田间管理制度，以实现精耕细作、涵养水源、保护生态环境。此外，宁夏还在引黄灌区大力发展稻田综合种养技术，这种技术充分利用了生态循环系统。如：将水稻作为水产养殖物的庇荫和有机食物；反过来，鱼、蟹、虾、泥鳅和鸭（雁）等水产养殖则可以为水稻松土增肥、吞食害虫。如此一个简单的生物链就可以减少对农药、化肥等外部化学物质的依赖，形成一个绿色健康的营养循环体系。黄河流域宁夏段采用了一个区域的小循环系统。那么，以此为借鉴，整个黄河流域可以因地制宜，在条件允许的区域形成一个大的生态圈。在黄河流域的中下游地区，应考虑到上游环境保护的具体措施，根据黄河流域整体的生态环境战略思路，结合当地具体条件进行调整，考虑政策的一致性与连贯性，以防止水土流失为重点，制定与流域生态相适应的环境保护规划。区域的高质量发展需要基础设施的建设与

完善作为基础支撑，黄河流域同样也需要通过大通道的建设实现高质量发展。依托全国水土保持信息化、宁夏水利信息化、"智慧宁夏"信息网络资源，继续完善宁夏水土保持门户网站、公文处理系统，重点抓好水土保持业务系统的建设，推进预防监督的一体化动态监控、综合治理图斑的精细化管理、监测工作的即时动态信息采集与分析。通过数字化基础设施的建设与公共服务水平的提升，逐步实现黄河流域居民生活水平的提高。此外，完善相应的铁路、公路等基础设施，通过运输枢纽等基础设施的完善，实现物流的高效率配送，进而实现沿黄相关省区与城市的有机衔接，推动流域内各省区资源要素的优势互补和协同发展，让黄河流域人民实现共同富裕。

参考文献

[1]习近平在河南主持召开黄河流域生态保护和高质量发展座谈会[NB/OL]. 学习强国，2019-09-19

[2]邓小云，彭本利. 推进黄河流域协同大治理[EB/OL].http：//theory.gmw.cn/2019-10/15/content_33233953.htm

[3]黄爱宝. "河长制"：制度形态与创新趋向[J]. 学海，2015（4）

[4]范从林. 流域涉水网络中的中心角色治理研究[J]. 科技管理研究，2013（9）

[5]马捷，锁利铭. 区域水资源共享冲突的网络治理模式[J]. 公共管理学报，2010（2）

[6]〔波〕彼得·什托姆普卡. 信任：一种社会学理论[M]. 程胜利译. 北京：中华书局，2005：82

[7]唐兵. 论公共资源网络治理中的信任机制[J]. 理论导刊，2011（1）

[8]中共宁夏回族自治区委员会党校，宁夏回族自治区行政学院，宁夏回族自治区统计局. 2018～2019宁夏区情手册[M]. 银川：阳光出版社，

2019

[9]《中国农业可持续发展研究》项目组. 中国农业可持续发展研究（下册）[M]. 北京：中国农业科学技术出版社，2017

[10]李禄胜. 中国"三农"问题研究——以宁夏为例[M]. 北京：经济科学技术出版社，2015

［该文入选黄河流域党校（行政学院）学习贯彻黄河流域生态保护和高质量发展重大国家战略理论研讨会］

坚持用辩证思维推动黄河流域生态保护和高质量发展

惠　庆

摘要：黄河流域孕育了中华文明，是我国重要的经济带、生态屏障和脱贫攻坚的重点区域。新时代推动黄河流域生态保护和高质量发展，必须坚持科学的思维方式和工作方法，将顶层设计与基层探索相结合、源头保护与资源整合相结合、流域治理与系统提升相结合，不断提高综合治理水平，让黄河成为造福人民的幸福河。

关键词：黄河流域；生态保护；高质量发展

2019 年 9 月 18 日，习近平总书记在河南郑州主持召开了黄河流域生态保护和高质量发展座谈会并发表重要讲话，为新时代如何开展黄河流域生态保护和高质量发展问诊把脉，要求"一张蓝图绘到底，一茬接着一茬干，让黄河造福人民"。

一、坚持顶层设计与基层探索相结合

黄河浇灌了沿途田地，培育了中华文明，但也留下了"三年两决口、百年一改道"的沉痛记忆和"黄河宁，天下平"的深刻教训。"从某种意义上讲，中华民族治理黄河的历史也是一部治国史。"新时代，深入推动黄河流域生态保护和高质量发展，必须坚持以习近平新时代中国特色社会主义思想为指导，着眼于生态文明建设新布局，把顶层设计与基层探索相结合，不断提高综合治理能力，努力实现黄河造福百姓的美好夙愿。

（一）以科学思维为指导，不断提高决策能力

人类在认识自然、改造自然的过程中，通过实践认识规律、总结经验，有效提升了思维方法的科学性。推动经济社会的高质量发展，不仅要遵循客观规律，更"要提高战略思维、历史思维、辩证思维、创新思维、法治思维、底线思维能力，不断增强工作的科学性、预见性、主动性和创造性"，将苦干、实干与巧干相结合，才能取得事半功倍的效果。深入推进黄河流域生态保护和高质量发展，是新时代持续加强生态文明建设的客观要求，也是贯彻落实创新、协调、绿色、开放、共享五大发展理念的具体表现。习近平总书记明确提出，"要在党中央集中统一领导下，发挥我国社会主义制度集中力量干大事的优越性，牢固树立'一盘棋'思想，更加注重保护和治理的系统性、整体性、协同性"。

黄河流域生态保护和高质量发展已同京津冀、长江经济带、粤港澳大湾区、长三角等地区的建设发展一并升格为重大国家战略，一方面应着眼于生态文明建设的战略高度和改善人民生产生活水平的现实需求来筹划源头的生态保护，不断推进"青山绿水"与"金山银山"的有机融合，增强沿线百姓的幸福感、获得感，突出"以人民为中心"的鲜明立场。另一方面，推进黄河流域生态保护和高质量发展，蕴含着党中央统筹指导、协调推进的方法论要求。通过体制机制创新，夯实省级领导谋划发展的主体责任和市、县部门狠抓落实的直接责任，建立省、市、县三级联动机制，形成集中力量办大事的工作合力，激发各级领导干部干事创业激情，不断推动生态环境综合治理能力与治理体系的现代化。

（二）以基层探索为主导，不断激发治理活力

世界上没有两片完全相同的叶子，沿黄9个省区的状况也是各不相

同，即使同一省区的不同市、县也有所差别，所以推动流域综合治理，需要充分激发基层组织的主动性、创造性，做到因地制宜、精准施策，增强治理效果的针对性、有效性。黄河流经宁夏境内的河段约占全长的1/14，留下了"天下黄河富宁夏"的美誉。2020年6月，习近平总书记视察宁夏时进一步强调，"要把保障黄河长治久安作为重中之重，实施河道和滩区综合治理工程，统筹推进两岸堤防、河道控导、滩区治理，推进水资源节约集约利用，统筹推进生态保护修复和环境治理，努力建设黄河流域生态保护和高质量发展先行区"。

宁夏是全国的重要生态节点、重要生态屏障、重要生态通道，建设黄河流域生态保护和高质量发展先行区，使命光荣、责任重大。近年来，结合不同水土流失类型区，通过激发基层治理活力，积极探索建立了适宜当地自然条件的治理样板，基本形成了"南部治理、中部修复、全面预防、重点监督"的新格局。位于六盘山东麓、黄土高原丘陵沟壑区的彭阳县，是宁夏水土流失的重点区域。该县围绕"生态立县"的主题不动摇，因地制宜、分类指导，在实践中以流域治理为抓手，坚持"化整为零、整体推进"，将工作创新与经验总结相结合，先后探索形成了"'三三制'（农、林、牧各占1/3）农业经营模式，'山顶林草戴帽子、山腰梯田系带子、沟头库坝穿靴子'的立体生态治理模式，以及近年来探索出的'上保（塬面修建高标准农田以保障口粮）、中培（山腰培育特色经果林来发展林果业）、下开发（川道发展设施农业、建生态移民基地、整治河道、开发坝地）'等综合治理模式"，使得全县水土流失得到有效控制，生态环境不断改善，农民经济收入不断增加，初步实现了"生态型、经济型、景观型"小流域治理的共建共赢，为黄河中上游水土流失治理积累了宝贵经验。在此基础上，自治区党委和政府规划建设黄河生态经济带、北部绿色发展区、中部防沙治沙区、南部水源涵养区，推动宁夏山水林田湖草沙系统治理、系统修复，有效防风固沙、涵养水源，进一步促进局部生态环境逐步改善、区域气候条件逐步改变，为维护西北乃至全国生态安全贡献宁夏力量。

（三）以抓铁留痕的魄力，不断提高治理成效

黄河治理是治国安邦的大事。经过多年持续不断的共同努力，黄河水沙关系、生态环境明显改善，黄河流域的生态保护与经济发展取得了显著成效，但也存在流域生态环境脆弱、水资源保障形势严峻和发展质量有待提升等突出问题。特别是个别领导干部在"绿水青山"与"金山银山"的选择中依然盲目地追求 GDP 的惯性思维尚未及时调整，甚至在责任担当方面出现"新官不买前任账"的现象，使得生态保护区的违规建筑长期存在，严重影响了党在人民心中的形象。在打好污染防治攻坚战的过程中，党中央以抓铁留痕的魄力，坚持雷霆出击坚决制止顶风违纪行为，查处办理违规的领导干部，让"望得见山、看得见水、记得住乡愁"的理念深深植根于领导干部和广大人民心中。

"'绿水青山'与'金山银山'的关系，根本上就是如何正确处理经济发展和生态环境保护的关系，两者在实践中辩证统一，这是实现可持续发展的内在要求，是坚持绿色发展、推进生态文明建设首先必须要解决的重大思想问题。"加强黄河流域生态保护和高质量发展，不仅是转变经济增长方式和增强发展后劲的客观需要，更是满足广大人民群众对舒适愉悦的生产生活和良好生态环境的现实需要，各级领导干部必须扛起守好改善生态环境生命线的政治责任，增强大局观念，提高思想认识，凝聚绿色发展共识，不断加强黄河源头保护，提升治理成效，让"权为民所用、情为民所系、利为民所谋"的情怀书写在祖国的山川大地上。

二、源头保护与资源整合相结合

习近平总书记强调："黄河一直体弱多病，水患频繁，当前黄河流域仍存在一些突出困难和问题。究其原因，既有先天不足的客观制约，也有后天失养的人为因素。可以说，这些问题，表象在黄河，根子在流

域。"让黄河重新焕发健康的容颜，就必须认真贯彻落实习近平生态文明思想，持续在源头保护和资源整合上下工夫，努力实现生态保护与高质量发展的共建共享共赢。

（一）以钉钉子精神的韧劲，夯实源头保护之基

黄河流域综合治理与源头系统保护离不开科学思维，在整体优化资源配置的基础上，妥善处理好流域治理与经济发展之间的矛盾。比如黄河下游地区"水少沙多、水沙不协调"的现实问题，中游地区"黄土高原土质疏松、水土流失严重"的客观实际，以及上游地区"生态脆弱与人为破坏"的治理乱象，再加上流域河道自我调节能力明显不足，使得治理好黄河具有复杂性、长期性和艰巨性等特点。从系统论角度看，解决好上述关系问题，就要综合运用系统性的原则和方法，着眼于顶层设计、落实好上下统筹。通过大规模的调查研究与问题梳理，抓住流域特点、找出真问题，然后进行综合施策，提高决策的针对性、有效性。

习近平总书记强调："黄河生态系统是一个有机整体，要充分考虑上中下游的差异。上游要以三江源、祁连山、甘南黄河上游水源涵养区等为重点，推进实施一批重大生态保护修复和建设工程，提升水源涵养能力。"在党中央的集中统一领导下，各级领导干部要坚持以问题为导向，凝聚"一张蓝图绘到底，一茬接着一茬干"的思想共识，发扬钉钉子精神，从部门职责、治理措施、技术推广与应用等方面逐一从源头治理环节中查找存在的问题，针对"肠梗阻"现象，进行"靶向治疗"。通过建立健全相关工作机制，制定路线图、时间表，进一步明确责任清单，努力改变"九龙治水、分头管理"的局面，从根源处着眼，从简单处入手，从当下做起，久久为功、持续发力，不断夯实黄河流域源头生态保护的基础。

（二）以可持续发展的理念，提升流域发展质量

推动经济社会持续健康发展，离不开长远的战略眼光和科学的发展理念，想问题做决策必须做到既满足当前需要又不损害后代人的发展需求。"黄河流域是我国重要的经济地带，黄淮海平原、汾渭平原、河套灌区是农产品主产区，粮食和肉类产量占全国三分之一左右"，"煤炭、石油、天然气和有色金属资源丰富，煤炭储量占全国一半以上，是我国重要的能源、化工、原材料和基础工业基地"。黄河流域的经济发展也存在传统产业转型升级步伐滞后、内生动力不足，水资源利用较为粗放，农业用水效率不高，工业发展同质化现象严重，掠夺式开发现象突出等现实问题，与人民由"温饱"向"环保"需求转变，以及对经济社会发展带来的美好生活的新期待之间还存在不小差距。

2016年7月，习近平总书记视察宁夏时强调"越是欠发达地区，越需要实施创新驱动发展"。自治区党委、政府结合发展实际，将实施"创新驱动战略"作为推动经济社会发展的"三大战略"之一，并出台了《宁夏回族自治区党委 人民政府关于推进创新驱动战略的实施意见》等政策性文件，加快经济结构调整，积极引导企业加快新旧动能转换，转变发展方式，在综合利用资源、高效利用资源等方面闯新路、做表率。宁东能源化工基地的151家企业8万多名产业工人正是该政策的受益者，他们立足丰富的煤炭资源，加大科研投入和技术攻关，推动煤化工产业高端化精细化发展，通过延长甲醇、烯烃、聚丙烯、煤制油、锂电池、芳纶等现代煤化工产业链，把煤炭资源尽可能"吃干榨尽"，在转变自身形态的过程中不断实现"身价"的几何数增长。"黄河流域作为我国重要的经济发展带，更要融入时代潮流，从发展动能、经济结构上加快转型，成为中国经济实现高质量发展的引领者、示范者，成为推动我国经济发展的又一增长极，成为坚持生态优先、绿色发展的生态文明示范带"。

（三）以政策的杠杆引导力，实现共建共享共赢

黄河从西向东横跨青藏高原、内蒙古高原、黄土高原和黄淮海平原，

流经青海、四川、甘肃、宁夏、内蒙古、陕西、山西、河南、山东9个省区，在资源开发与利用方面，各级党委和政府必须着眼于生态文明建设全局，坚持"节水优先、空间均衡、系统治理、两手发力"的治水思路，按照党中央和相关部门的统一部署，自觉树立"一盘棋"思想，统筹区域经济发展，着力在节水产业与高新技术开发，以及产业转型上下工夫，推动流域生态保护与经济高质量发展更好服务于沿途百姓的生产生活。

在政策制定方面，坚持"分类施策，上下游、干支流、左右岸统筹谋划，共同抓好大保护，协同推进大治理"的工作思路，把黄河沿岸的9个省区作为一个整体来规划，明确不同流域地段所在省区的职责与分工，共同坚守生态红线，加强流域综合治理，实行"谁达标谁受益、谁损害谁赔偿"的双向补偿，依法依规追究损害赔偿责任。按照"谁保护谁受益""谁使用谁付费"的原则，将生态补偿与水权转换相结合，及时转移支付治理资金，为源头生态保护提供充足的经费保障。同时，鼓励沿途各地政府大力实施节水技术与节水农业的创新性应用，以水资源约束机制倒逼黄河流域加快建立绿色、低碳、循环的现代产业体系。这样，既调动了流域地区各级政府的参与积极性，又增强了沿途群众的获得感、幸福感、安全感，真正实现了共建共享共赢的治理目的。

三、流域治理与系统提升相结合

习近平总书记在座谈会上强调，"治理黄河，重在保护，要在治理。要坚持山水林田湖草综合治理、系统治理、源头治理，统筹推进各项工作，加强协同配合，推动黄河流域高质量发展"。要让黄河真正成为造福人民的幸福河，除了发扬好功成不必在我的精神境界，落实好"功成必定有我"的历史担当，彻底改变"铁路警察各管一段"的现状，做到流域治理和系统提升相结合，协调推进各项重点工作。

（一）积极探索治理模式，提高流域治理成效

中华人民共和国成立后，特别是十八大以来，党中央集中统一领导和黄河流域各省区党委、政府高度重视，在探索中总结形成了特色鲜明的治理模式，黄河治理取得了明显效果。比如水沙治理成效显著，生态环境持续向好，发展水平不断提升等，为黄河流域经济社会发展和百姓生活改善起到了非常积极的作用。

青海省借助遥感为主的"3S"技术，在黄河源头的三江源生态保护区、青海湖流域生态综合治理区等区域，大力开展生态治理工程的水土保持监测工作。现已初步形成了覆盖全省的地面监测与遥感监测相结合、点面互补、天地一体的监测格局，积极发挥了水土保持监测在政府决策、经济社会发展和社会公众服务中的作用。陕西省坚持"绿水青山就是金山银山"的防治理念，在黄河上中游地区积极探索山水田林路村综合治理防治体系、"依法依规推进"的防治方略、"联动共治"的防治机制，为推动区域经济社会可持续发展发挥了重要作用。河南省通过依托重点工程，在黄河中下游地区全面推进水土流失综合治理，吸引社会投资搞好产业开发，加强水土保持监督监测工作和深入开展水土保持国策宣传教育活动等，初步形成了比较完善的水土保持综合防护体系，实现了生态、经济、社会的协调发展。

（二）完善流域管理体系，破除利益固化藩篱

黄河流域生态环境脆弱性主要表现在"上游局部地区生态系统退化、水源涵养功能降低；中游水土流失严重，汾河等支流污染问题突出；下游生态流量偏低、一些地方河口湿地萎缩"。造成上述现象的原因除了与气候特点和季节性降水有关，还与各流域农业灌溉截流用水和经济发展方式有关。据统计，"长期以来，黄河以全国2%的水资源，支持了占全国国土面积8.3%的经济社会发展，承纳了全国约6%的废污水和7%的COD排放量，受纳污染物总量已超出了自身的水环境承载能力"。换言

之，目前黄河流域的水资源承载能力低、环境压力大、生态脆弱的特殊性，决定了加强黄河流域生态保护的紧迫性和加强流域内环境污染治理的必要性。因此，推进黄河流域生态保护与高质量发展，建立健全流域管理体系，不仅要将保护放在优先位置，还应在统筹协调中树立大局观念，努力破除利益固化的藩篱。

习近平总书记在座谈调研时强调"'有多少汤泡多少馍'。要坚持以水定城、以水定地、以水定人、以水定产，把水资源作为最大的刚性约束，合理规划人口、城市和产业发展，坚决抑制不合理用水需求"。在推进黄河流域生态保护和高质量发展中，宁夏坚持将水资源、水生态、水环境、水灾害"四水同治"，以保护黄河、治理黄河为核心，以骨干供水工程为重点，统筹治水、兴水、用水、节水，加快构建河湖库坝连通、沟渠管网贯通、城乡山川覆盖、旱引汛蓄涝排、灌排通畅可控的现代水网体系，努力打破流域中"占山为王"和"各自为政"的开发格局，将权利与义务相结合、生态保护与协同治理相统一，在统筹发展中实现"人水和谐"，促进区域间协调均衡发展。

（三）建立健全制度体系，为高质量发展护航

在创新体制机制方面，习近平总书记强调，"要完善流域管理体系，完善跨区域管理协调机制，完善河长制湖长制组织体系，加强流域内水生态环境保护修复联合防治、联合执法"。在贯彻落实习近平总书记的重要指示方面，宁夏各级党委和政府率先谋划、狠抓落实，在坚决打赢污染防治攻坚战的过程中，加快编制了《宁夏沿黄生态经济带发展规划》《黄河宁夏段岸线保护利用管理规划》，建立健全《宁夏水资源管理条例》《宁夏湿地保护条例》《宁夏河湖管理保护条例》等地方性法规，将推进黄河流域生态保护和高质量发展的责任扛在肩上，落实到具体行动中。自治区领导既挂帅又出征，带动 3670 名河长和 228 名湖长巡河、管河、护河、治河，守护全区 804 条河流、118 个湖泊的健康安宁，做到"统

筹岸上与岸下、点源与面源、断面达标与全域清流的关系，持续抓好重点入黄排水口整治和湿地保护修复，让水质在改造中提升、在提升中蜕变，打造'河畅、水清、岸绿、景美'的水生态，永葆母亲河生命健康"。

黄河生态系统的整体性决定了流域高质量发展的系统性，强化黄河生态保护，推动黄河流域社会经济的高质量发展是一项功在当代、利在千秋的历史伟业，更体现了新时代共产党人的使命与担当。贯彻落实好习近平总书记关于推动黄河流域生态保护和高质量发展和建设黄河流域生态保护和高质量发展先行区的重要讲话精神与指示精神，不仅需要各级党委和政府久久为功、持续用力，更需要沿途人民群众群策群力、共同参与，并为之不懈努力奋斗。

参考文献

[1]习近平.在黄河流域生态保护和高质量发展座谈会上的讲话[J].求是，2019（20）

[2]习近平新时代中国特色社会主义思想学习纲要[M]：北京，学习出版社，人民出版社，2019：244

[3]李增辉，等.努力建设黄河流域生态保护和高质量发展先行区——习近平总书记宁夏考察重要讲话引发热烈反响[N].人民日报，2020-06-12

[4]刘杰，惠庆.彭阳县生态建设现状及发展路径研究[J].中国水土保持，2018（10）

[5]张宏春.以高度自觉坚决打好打赢污染防治攻坚战[N].中国环境报，2019-10-29

[6]王夏晖.让黄河成为造福人民的幸福河[N].光明日报，2019-11-16

[7]祁永刚，等.青海省水土保持监测工作综述[J].中国水土保持，2018（12）

[8]马永来.黄河上中游水土保持改革开放40年实践与启示[J].中国水土保持，2018（12）

[9]石海波，等.改革开放40年河南省水土保持生态建设成效[J].中国水土保持，2018（12）

[10]司毅铭.黄河流域水生态文明建设的探索与实践[J].中国水利，2013（15）

[11]海棠，等.不信清波唤不回——黄河宁夏段生态治理谱新篇[N].宁夏日报，2019-10-21

［该文入选全区党校（行政学院〈校〉）系统黄河流域生态保护和高质量发展征文活动］

建设黄河流域生态保护和高质量发展先行区的路径研究

杨春柳

摘要：黄河流域是一个系统，黄河生态是一个整体，黄河流域生态保护和高质量发展必须整体谋划、协同推进，因地制宜、分类施策。建设好黄河流域生态保护和高质量发展先行区，守护好祖国西北乃至全国的生态屏障、生态节点，任务艰巨、责任重大。坚持顶层设计，统筹上下游衔接；坚持生态优先，筑牢生态安全屏障；坚持统筹推进，抓好干支流、左右岸同治；坚持齐抓共管，压紧压实责任；坚持人水融合，共建生态文明。

关键词：生态保护；先行区；黄河流域

"天下黄河富宁夏"。2020 年 6 月 8—10 日，习近平总书记再次视察宁夏并发表重要讲话，明确提出了宁夏改革发展的总体要求、宁夏今后发展的重点任务，及建设黄河流域生态保护和高质量发展先行区的时代重任，对新时代宁夏发展进程具有里程碑意义。宁夏依黄河而生、因黄河而生，保护黄河义不容辞，治理黄河责无旁贷。要把保护黄河长治久安作为重中之重，实施河道和滩区综合治理工程，统筹推进两岸堤防、河道控导、滩区治理，打造百年防堤，有效防洪防凌，努力建设黄河流域生态保护和高质量发展先行区。要把水资源作为最大的刚性约束，以水定城、以水定地、以水定人、以水定产，合力规划人口、城市和产业发展，推进水资源节约利用。

"黄河宁，天下平。"从古至今，黄河治理都是安民兴邦的一件大事。中华人民共和国成立70年来，黄河实现了从"三年两决口"到岁岁安澜，破解了"一碗黄河水，半碗黄泥沙"的困境，我们党领导人民群众开创了治理黄河事业新篇章。特别是党的十八大以来，以习近平同志为核心的党中央着眼于生态文明建设全局，明确了"节水优先、空间均衡、系统治理、两手发力"的治水思路，黄河流域经济社会发展和群众生产生活发生了很大的变化。2019年以来，习近平总书记密集视察了黄河流域的内蒙古、甘肃、河南。2020年4月视察了陕西，5月视察了山西，6月视察了宁夏。尤其是2019年9月，习近平总书记在河南郑州主持召开黄河流域生态保护和高质量发展座谈会并发表重要讲话，系统阐述了推动黄河流域生态保护和高质量发展的重大意义、指导思想、目标任务、关键举措，深刻阐明了共同抓好大保护、协同推进大治理的一系列重大理论和实践问题，把黄河流域生态保护和高质量发展确定为重大国家战略，发出了"让黄河成为造福人民的幸福河"的号召，为推动黄河流域生态保护和高质量发展指明了方向、提供了根本遵循。建设好黄河流域生态保护和高质量发展先行区，守护好祖国西北乃至全国的生态屏障、生态节点，任务艰巨、责任重大，使命光荣、意义非凡。坚持以习近平生态文明思想为指导，牢固树立绿水青山就是金山银山的发展理念，增强"四个意识"，坚定"四个自信"，做到"两个维护"，明确战略定位，把握根本遵循，坚定信心、下定决心、树立恒心，直面问题困难，狠抓贯彻落实，牢记使命、勇于担当、主动作为，坚决建设黄河生态保护和高质量发展先行区，为全国探索路径、提供示范、打造样板。

一、坚持顶层设计，统筹上下游衔接

黄河流域是一个系统，黄河生态是一个整体，黄河流域生态保护和高质量发展必须整体谋划、协同推进，因地制宜、分类施策。

要强化顶层设计。从统筹推进"五位一体"总体布局，协调推进"四个全面"战略布局的高度出发，制定黄河流域生态保护和高质量发展先行区总体规划，明确总体思路、发展布局、目标任务、政策措施，有利于发挥集中力量办大事的社会主义制度优势；有利于凝心聚力，统一思想，形成工作合力；有利于合理引导社会共识，广泛调动各方面积极性和创造性。

要强化精准对接。加强与国家有关部委、上段下游兄弟省区在战略层面的沟通对接，认真分析、深入研究、全面总结宁夏自然、水文、气候、生态等各种要素、因素、元素，积极参与国家层面在气候变化影响、水沙关系变化、水资源配置等方面的重大课题研究论证，为国家顶层设计和党中央决策提供参考。

要积极主动融入。建立"四级三类"规划体系，把黄河流域生态保护和高质量发展重大谋划纳入"十四五"整体规划，积极向国家发改委等部门汇报衔接，争取进入国家规划大盘子，获得更多政策、项目、资金、技术支持。沿黄市（县、区）要紧扣建设黄河流域生态环保和高质量发展先行区目标要求，把黄河生态保护和高质量发展纳入空间规划、产业规划、发展规划，与"十四五"规划有序高度衔接，形成上下游、各流段统一规划、同步实施，一张蓝图绘到底。

要勇于担当作为。自治区第十二次党代会确立的生态立区战略，充分体现了自治区党委贯彻绿色发展理念、保护生态环境的信心和决心，充分体现了自治区党委坚决承担起维护西北乃至全国生态安全的重要使命和责任担当。我们要全面落实党的十九届四中全会"坚持和完善生态文明制度体系"的要求，大力实施生态立区战略，抢抓中央即将实施一批生态环境保护重大工程的利好机遇，接续实施好自治区第十二次党代会安排部署的各项目标任务，加快推进银川都市圈建设，落地一批补短板、强弱项、打基础、利长远的大项目好项目，做实通岸、治水、植绿等基础性工作。

二、坚持生态优先，筑牢生态安全屏障

习近平总书记视察宁夏重要讲话指出，要坚持新发展理念；在黄河流域生态保护和高质量发展座谈会上强调，要坚持绿水青山就是金山银山的理念，坚持生态优先、绿色发展。

要践行生态优先发展理念。理念是行动的先导，有什么样的发展理念，就会有什么样的发展思路、发展方向、发展着力点。有没有生态优先的意识，有没有绿色发展的理念，是能不能实现经济社会发展与生态环境保护共赢的重要先决条件，要想方设法打通绿水青山与金山银山的转化通道，在保护中发展、在发展中保护。习近平总书记指出，宁夏推动高质量发展还存在一些深层次问题，经济结构矛盾突出，资源环境约束趋紧，增长动力后劲不足，质量效益偏低。这些问题，归根结底都是发展理念造成的。要贯彻落实新发展理念，坚持生态优先、绿色发展，必须坚决摒弃不计成本、不顾环保、不讲质量的动力衰竭"平庸之路"、畸轻畸重"失衡之路"、环境恶化"透支之路"，努力走出一条更有质量、更可持续、更加健康的绿色发展之路。

要守好改善生态环境生命线。保护生态环境是国家生态安全的底线和生命线，这个底线不能突破，一旦突破必将危及生态安全、人民生活和国家永续发展。自治区党委十二届八次全会明确提出把改善生态环境作为一条生命线来守护，作为实现高质量发展的基础工程、民生工程和希望工程来推进。这不仅是把生态文明建设作为永续发展的根本大计，更是宁夏主动服务全国发展大局、积极融入国家发展战略的政治责任和战略任务，是继续建设经济繁荣、民族团结、环境优美、人民富裕美丽新宁夏的必然要求和实践路径，符合中央精神，切中宁夏实际，契合人民愿望，要不折不扣地抓好贯彻落实，加快建设天蓝、地绿、水美的美丽宁夏。

要树立生命共同体思想。水污染表现在水里，根子在岸上。习近平总书记多次强调，"山水林田湖是一个生命共同体，人的命脉在田，田的命脉在水，水的命脉在山，山的命脉在土，土的命脉在树。"正因为如此，生态治理是一个系统工程，非旦夕之间、领域之中、区域之内和少数人的努力可以完成，需要多领域、多地区、多部门的协调配合、共同发力、集中攻坚。一旦一个环节监管出现脱节和真空，污染必然无法得到根治。要坚持"五域同抓""五体共治""五态齐修"，同向发力，同频共振，确保山水林田湖草同步治理。

要推动绿色发展、高质量发展。绿色发展是全方位的变革，涉及发展理念、体制机制、生产方式、生活方式、领导方式等一系列改变，是高质量发展的重要标志、主要标尺、价值追求。实践反复证明，绿水青山就是金山银山，保护生态环境就是保护生产力，改善生态环境就是发展生产力。我们要努力摆脱对传统发展方式的路径依赖，坚定不移、持之以恒推进绿色发展，建立健全以产业生态化和生态产业化为主体的生态经济体系，在协调推动经济高质量发展和生态高水平保护上积极探索，在结构调整、动能转换、质量提升上持续发力，聚焦装备制造、精细化工、生物医药等领域，建立全产业链发展的循环经济生态链条，培育壮大"互联网+"等新兴产业，做精做优优势特色产业，让绿色成为宁夏的发展主色和鲜明特色，推动形成以生态优先、绿色发展为导向的高质量发展的宁夏生动实践。

三、坚持统筹推进，抓好干支流、左右岸同治

习近平总书记强调，要实施河道和滩区综合治理工程，统筹推进两岸堤防。要以系统思维、综合措施、强劲手段推进治理，让母亲河走上一条河流变畅、两岸变绿、流域内安居乐业的大河良性发展之路。

要抓好水资源保护。水是生命之源、生产之要、生态之基。宁夏人均水资源量仅为全国人均值的 1/12。要把水资源作为最大的刚性约束，落实好用水总量控制红线管控，统筹解决资源型缺水、工程性缺水、水质性缺水，以水定城、以水定地、以水定人、以水定产，推动用水方式由粗放向节约集约转变。要加大灌区渠系等基础配套设施改造，增加节水灌溉面积，调整产业结构，提高灌溉水利用系数；强化对工业用水的定额管理，鼓励支持企业加大工艺改造力度，提高用水效率；改善城镇生活用水供水体系，改造供水管网，倡导居民节约用水；统筹调度配置园林绿化等城市生态用水，确保全年黄河引水量不超指标。

要抓好河道岸线舒畅。严格落实保护区、保留区、控制区和开发利用区的主体功能区规划，从空间上明确黄河流域保护区域和范围，人力开展黄河干流岸线清理整治，特别是将各类开发活动限制在水资源承载能力之内，加大对河道采砂日常监督管理力度，严令非法挤占限期退出。沿河市、县（市）区及重点区域，在保证堤防工程运行安全和滩岸稳定的同时，因地制宜，开发建设河道生态旅游景点，与沿线旅游景区相衔接，有效实现岸线生态经济效益，形成集自然风光、人文景观、民俗风情、娱乐休闲于一体的旅游黄金走廊，打造"河畅、水清、岸绿、景美"沿黄水生态。

要抓好水污染防治。水环境关系每个人的健康，关系我们赖以生存的家园。近年来，自治区党委、政府集中力量打好新时代黄河保卫战决心大、力度强、举措实，重点入黄排水沟污染治理取得了阶段性突破。但水污染防治是一个复杂而系统的工程，需要持之以恒、综合施策，统筹推进各项工作。目前还存在一些突出问题尚未解决，比如治理工作缺乏顶层规划引领，治理保护目标不清晰，措施方法单一，建成的治理设施运行管理不到位、运行不规范、管理漏洞多等等。要以零容忍、硬碰硬、动真格的态度，坚决打好水污染防治攻坚战，坚持"一沟一策、因地制宜、综合防治"的工作思路，加大资金投入保障力度，狠抓 13 条重点入黄排水沟的综合治理，加速推进人工湿地建设，加快沿黄城市建成区污水处理设施提标改造，加大农业面源污染治理，巩固城市黑臭水体治理成果，让河湖恢复生命，重现生机。

要抓好科技创新。科技创新是发展的第一动力。目前，黄河流域整体创新资源不足。宁夏是西部欠发达地区，创新发展不足仍然是制约经济社会发展的一大瓶颈。要实现黄河流域生态保护和高质量发展，必须通过创新引领。从自治区层面，要积极引入科技资源，搭建创新平台，开展水资源保护利用、生态环境治理等方面的综合研究，谋划推进黄河流域生态保护和高质量发展的理论库、政策库、技术库和项目库等大数据库建设，加快构建研究黄河、保护黄河、利用黄河、治理黄河的立体数据库，进一步夯实黄河宁夏段治理保护的基础。从沿黄市、县（市）区层面，一方面要通过招才引智，引进一批生态保护、环境治理等高层次、专业化的人才；另一方面要推动产业转型升级，瞄准未来产业竞争制高点，重点发展高端装备制造、新一代信息技术以及新能源汽车等行业，对传统的第一、第二产业加快升级改造，大力发展战略性新兴产业。

四、坚持齐抓共管，压紧压实责任

宁夏处于黄河上中游的衔接段，地理位置重要，生态功能突出，抓好黄河流域生态保护和高质量发展是义不容辞的重大责任和历史使命。

要逐级落实责任。各级各部门要坚持以习近平新时代中国特色社会主义思想为指导，深入学习领会习近平总书记视察宁夏重要讲话精神，提高政治站位，强化责任担当，站在政治和全局的高度推进生态环境保护和高质量发展，全面落实河（湖）长制，建立自治区负总责、市县抓落实的工作机制，一级抓一级，层层抓落实，继续把横向到边、纵向到底的责任体系落实好，建立闭环责任链条，狠抓各项任务落细落地，在黄河流域生态保护和高质量发展中体现宁夏担当、宁夏作为、宁夏责任，推动黄河流域生态保护和高质量发展迈出新步伐。

要提升监测监控能力。建立健全标准统一、布局合理、功能完善的河湖水质水量生态监管系统网络，打造集日常巡查管理、基础数据分析、事件上报核实、重点任务处理、问题解决流程等多种功能于一体的信息化数据平台，实现有关河湖保护及排污口监控的各类涉水监测数据整合共享共用，建立河道管理公共网站、微信、微博等公共服务平台，设置群众举报入口，实施全民监督，让一切破坏和不利于黄河流域生态保护的生产生活行为无处遁形。

要加大执法检查力度。创新监督执法方式，健全完善河湖管理保护自然资源、生态环境、公安、住建、水利等多部门执法协调联动、行政执法与刑事司法衔接配合机制。加强同级党委、政府督察，人大、政协监督，上级河长对下级河长的指导。建立以黄河流域生态保护和高质量发展目标为导向，引入第三方监督评估机制，实行量化评价，考核结果作为地方党政领导干部综合考核评价的重要依据，并向社会公布，主动接受群众监督。

要严格责任追究。严格落实《领导干部自然资源资产离任审计规定（试行）》《关于全面加强生态环境保护坚决打好污染防治攻坚战的意见》等制度法规，落实领导干部生态文明建设责任制，严格实行党政同责、一岗双责。严厉打击非法取水、违法设障、污染水体、侵占河湖水域岸线、人为水土流失等突出问题，对责任不落实、任务不落实、整改不到位的严肃追究责任。坚决杜绝污染黄河的行为，让母亲河永远健康。

五、坚持人水融合，共建生态文明

人来自自然界，人与自然是一种共生关系，尊重自然、顺应自然、保护自然，就会得到自然的反哺，否则就会遭到大自然的报复，这个客观规律谁也无法抗拒。正如恩格斯所指出的那样："我们不要过分陶醉于我们人类对自然界的胜利。对于每一次这样的胜利，自然界都对我们进行报复。"

要坚持人与自然和谐共生。坚持人与自然和谐共生是习近平新时代中国特色社会主义思想尤其是生态文明思想的鲜明体现，坚持人与自然和谐共生是紧扣我国社会主要矛盾变化，满足人民日益增长的优美生态环境需要的迫切要求，坚持人与自然和谐共生是中华民族实现永续发展和伟大复兴的必然选择，坚持人与自然和谐共生是构建人类命运共同体、建设清洁美丽世界的方向指引。

要实现从生态自觉到生态自信的转变。要完成好黄河流域生态保护和高质量发展目标，必须要铁腕治污做"减法"、生态修复做"加法"，努力打造美丽中国的宁夏样板，让生态成为全区人民的永续福利，实现从生态自觉到生态自信的华丽转身。

建设黄河流域生态保护和高质量发展先行区，必须坚决贯彻落实习近平总书记视察宁夏重要讲话精神，咬定目标、苦干实干、锲而不舍、久久为功，保持历史耐心和战略定力，增强保护治理的系统性、整体性、协同性，让母亲河永葆生机活力，永远健康，造福千秋万代。

参考文献

[1]习近平在宁夏考察时强调 决胜全面建成小康社会决战脱贫攻坚 继续建设经济繁荣民族团结环境优美人民富裕的美丽新宁夏[EB/OL]. 中国政府网，http：//www.gov.cn/xinwen/2020-06/10/content_5518467.htm

[2]习近平在河南主持召开黄河流域生态保护和高质量发展座谈会时强调 共同抓好大保护协同推进大治理 让黄河成为造福人民的幸福河[EB/OL]. 中国政府网，http://www.gov.cn/xinwen/2019-09/19/content_5431299.htm

[该文入选全区党校（行政学院〈校〉）系统学习宣传贯彻习近平总书记视察宁夏重要讲话精神理论研讨会]

坚持不懈推动高质量发展

张国清

摘要： 2020 年 6 月，习近平总书记视察宁夏并发表重要讲话。总书记要求宁夏要坚持不懈推动高质量发展，这为宁夏的发展指明了方向，提供了根本遵循。全区上下一定要认真学习贯彻落实总书记重要讲话精神，努力克服宁夏推动高质量发展还存在的深层次问题，深入贯彻落实新发展理念，深入推进供给侧结构性改革，深入推进现代农业建设，深入推进生态文明建设，深入推进对外开放，为实现宁夏高质量发展贡献智慧和力量，不辜负总书记对宁夏给予的殷切希望。

关键词： 高质量发展；创新；供给侧结构性改革；生态文明

2020 年 6 月 8—10 日，习近平总书记视察宁夏并发表重要讲话，要求宁夏要坚持不懈推动高质量发展，总书记指出宁夏推动高质量发展还存在经济结构矛盾突出、资源环境约束趋紧、增长动力后劲不足、质量效益仍然偏低等深层次问题，要求我们要加快转变经济发展方式，加快产业转型升级，加快新旧动能转换，推动经济发展实现量的合理增长和质的稳步提升。

习近平总书记视察宁夏重要讲话，立意高远、思想深刻、内涵丰富，从战略和全局的高度深刻阐释了事关宁夏未来发展的一系列方向性、战略性、根本性问题，提出了一系列新思想、新观点、新要求，是宁夏在新起点上实现高质量发展的强大思想武器和行动指南。宁夏广大党员干部群众都应该认真学习好、宣传好、贯彻好总书记重要讲话精神，为宁夏实现高质量发展贡献自己的智慧和力量。

一、宁夏高质量发展的内涵

党的十九大明确提出，我国经济已由高速增长阶段转向高质量发展阶段。高质量发展是能够很好满足人民日益增长的美好生活需要的发展，是体现新发展理念的发展，是创新成为第一动力、协调成为内生特点、绿色成为普遍形态、开放成为必由之路、共享成为根本目的的发展。新时代宁夏高质量发展，就是要实现发展方式转变，产业结构转型升级，新旧动能完成转换，经济发展实现量的合理增长和质的稳步提升。

（一）发展方式转变

转变经济发展方式就是要由规模速度型粗放增长转向质量效率型集约增长。必须改变过去通过铺摊子、上项目拉动经济高速增长的惯性思维，转向实现比较充分就业和提高劳动生产率、投资回报率、资源配置效率为支撑的发展。彻底改变过去简单以生产总值论英雄的干部评价机制，实现有质量、有效益、可持续的发展。

（二）产业结构转型升级

加快产业转型升级就是要优化产业结构、产品结构、产能结构，逐步提升第三产业比重，尤其提升生产性服务业比重，优化轻重工业比重，延长产业链，生产更多的最终产品。要推动现代煤化工、新能源、新材料、全域旅游、现代农业等产业向高端化、绿色化、智能化、融合化方向发展，形成新的增长点、新的动力源；要以龙头企业为依托、以产业园区为支撑、以特色发展为目标，加快建立现代农业产业体系、生产体系、经营体系，让枸杞、滩羊、葡萄酒、冷凉蔬菜等更多宁夏特色农产品走向市场。

155

（三）新旧动能完成转换

加快新旧动能转换就是要加快转换增长动力，把推动经济增长的动力由要素驱动转换为创新驱动。马克思主义经济增长理论和西方经济增长理论都认为经济发展到一定阶段就会出现资本、劳动力、土地等要素规模收益下降的现实困难，就会出现增长的极限。要克服要素投入效益下降的问题，就要转换经济增长的动力由要素驱动转向创新驱动，让创新成为第一动力。

（四）实现量的合理增长和质的稳步提升

过去依靠要素大量投入、资源快速消耗、环境不断退化的高速增长是不可持续的，同样，在经济发展中提高了质量和效益，如果经济增长速度过低，或者大幅波动也是不可持续的。未来的发展必须在稳增长的前提下，不断提高经济发展质量和效益。量的合理增长就是要保证增长的速度适中，质的稳步提升就是要求经济增长必须是实实在在的，没有水分，是有效益、有质量、可持续的增长。

2012 年以来我国经济增速逐年降低，经济下行压力加大，宁夏相比全国经济总量小，韧性不强，下行压力更大，未来宁夏经济发展既要提质，同时也要保量，一定的经济增长速度是基础，必须保证。1978—2019 年，宁夏经济年均增速为 9.65%，高于同期全国增速 0.43 个百分点。未来宁夏还要继续保持略高于全国平均水平的增速。

当前全区上下一定要牢固树立新发展理念，坚持以供给侧结构性改革为主线，向结构要质量、向转型要效益、向创新要动力，扎实推动高质量发展。要把"六稳""六保"作为最重要的工作任务，全面落实中央政策，千方百计降税费、扩投资、促消费，让企业动起来、市场活起来、就业稳起来、收入提起来。

二、宁夏高质量发展存在的深层次问题

2012 年至今，宁夏经济增速和全国同步逐年降低，虽然增速略高于

全国平均水平，但总体来看，宁夏经济下行压力较大，转型发展更为迫切。由于宁夏经济总量基数小，创新不足，地理位置不优，人力资源相对缺乏，要保持略高于全国平均水平的经济增速，压力还是比较大的。对照习近平总书记视察宁夏重要讲话精神，推动宁夏高质量发展还存在以下深层次问题。

（一）经济结构矛盾突出

2019年，宁夏三次产业增加值占GDP比重为7.5:42.3:50.2，全国为7.1:39.0:53.9。相比全国，宁夏三产占比较低、二产占比较高的情况还比较显著，如果和东部发达省份比，三产占比的差距会更加突出，产业结构不合理的背后恰恰反映了宁夏第二产业比重高、第三产业发展滞后、工业内部倚重倚能、重工业偏重、轻工业偏轻、高技术产业比重低等特征，这些问题会在较长时期影响宁夏经济高质量发展。

2005—2017年，宁夏工业总产值中轻、重工业占比稳定在约1:4，轻工业占比最低的年份是2012年，只有14%，最高的年份是2016年，为21.1%。2017年，宁夏重、轻工业比例为83.3:16.7。[①]2019年，全区规模以上工业增加值同比增长7.6%，轻工业增加值同比下降5.1%，重工业增长9.0%。宁夏重工业过重、轻工业过轻的大势变化不大。

除了三次产业结构，宁夏经济结构矛盾还表现在产品结构、产能结构等方面。产品缺乏竞争力，产能不平衡。2018年，宁夏利润前十位行业中，石油、煤炭及其他燃料加工业排名第一，电力、热力生产和供应业排第二；主营业务收入前十位行业中，电力、热力生产和供应业排名第一，石油、煤炭及其他燃料加工业排第二。

（二）资源环境约束趋紧

宁夏地处西北内陆，是我国北方防沙带、丝绸之路生态防护带和黄

---

①宁夏回族自治区统计局，国家统计局宁夏调查队编：《2018宁夏经济要情手册》。

土高原—川滇生态修复带"三带"交会点，在全国生态安全战略格局中占有特殊地位。但宁夏东、西、北三面分别被毛乌素、腾格里、乌兰布和三大沙漠（地）包围，常年干旱少雨、缺林少绿，是典型的生态脆弱区。近些年，随着经济的快速发展，宁夏资源约束趋紧，生态环境压力加大，部分地区生态系统出现退化，构筑西北生态安全屏障的重要性和紧迫性十分突出。

党的十八大以来，我国加快推进生态文明建设法治化进程，任何不顾生态环境盲目发展、对生态造成影响的行为，必将受到法律制裁。过去靠扩大投资、开采资源、污染环境等发展经济的老办法行不通了，要实现高质量发展，全区上下必须深刻认识生态立区战略的各项要求，牢固树立尊重自然、顺应自然、保护自然的生态文明理念，把生态文明建设放在突出地位，融入经济建设、政治建设、文化建设、社会建设各方面和全过程。

宁夏作为西北地区重要的生态安全屏障，承担着维护西北乃至全国生态安全的重要使命。要完成国家赋予宁夏的使命，就要下大力气整治生态环境，要对破坏生态环境的行为实行零容忍态度，出现一起打击一起，要着力推进绿色发展，要加强绿色屏障建设，强化源头保护，短期看保护环境势必影响宁夏经济增长速度，但长期看必定有利于提高发展质量。

（三）增长动力后劲不足

宁夏经济高质量发展增长动力不足主要表现在两个方面。

一是创新产出不足。2018年，全国R&D经费投入强度为2.14，宁夏只有1.23，在全国31个省（市、区）中排名第19位，发明专利授权量在全国排名第28位。从创新投入和产出看，宁夏在全国都不占优势，相比投入，宁夏在创新产出方面差距更大。创新产出不足直接影响到创新作为经济发展第一动力的实现，进而影响宁夏的高质量发展。

二是宁夏人才短缺。通过对宁夏高科技企业的实地调研发现，宁夏缺乏研发人才，有研发能力的人很难扎根宁夏，除了研发人才，宁夏一般的熟练工人也比较缺乏。现在的高校毕业生不愿意到企业工作的现象还很普遍，他们要么对进企业有偏见，要么不愿意三班倒，要么觉得环境差。人才、高校毕业生向往大城市，向往南方省份的现状还将在相当长的时间存在，这就决定了宁夏提高创新能力的难度较大。

（四）质量效益仍然偏低

质量效益偏低主要表现在宁夏投资效益持续下降的现实上。1993年以来，宁夏投资效果系数持续减小，同时宁夏的投资效果系数一直低于全国平均水平，即使在西部地区宁夏的投资效果系数也低于重庆、贵州等省份，随着时间的推移还有逐步拉大的可能。

投资效果系数很好地反映了一个地区的投资效益。新时代要强化举措推进宁夏经济实现高质量发展，必须扭转宁夏投资效益较低的现状，而提高投资效益的根本途径就是创新。实施创新驱动战略是党和国家依据我国国情提出的大战略，更是促进宁夏加快发展，赶上西部先进地区，乃至赶上东部地区的根本途径。

质量效益低还表现在其他很多方面，比如：财政自给率低就是很重要的一方面。宁夏财政自给率大概30%左右，剩余2/3要靠中央转移支付。县域经济不强，川区县财政自给率30%上下，山区县只有10%左右，其中西吉县只有3%。在中央压减转移支付比例的情况下，个别县区财政十分困难。

发展潜力亟待开发也是质量效益偏低的表现。2019年，宁夏GDP占全国的0.38%，但宁夏常住人口占全国总人口的5%，以5%的人口创造了0.38%的GDP，这就足以说明宁夏经济发展的质量效益仍然偏低的现实。

（五）对外开放水平不高

宁夏开放层次不高、开放水平较低、开放领域不宽的区情影响经济高质量发展。宁夏长期以资源开发为主的经济发展模式，在未来将受到越来越大的制约。目前，宁夏煤电、煤化工、能源化工等主导产业都属于资源能源消耗型产业，推进经济转型升级，改变长期以来倚重倚能的经济发展模式，必须通过深化改革和扩大开放才能实现。

1999—2018 年，宁夏进出口总额由 3.18 亿美元增加到 37.81 亿美元，其中 2018 年达到 37.81 亿美元，但占全国进出口总额的比例很低，平均只有 0.08%，不到 0.1%。占比最高的年份 2014 年，也只有 0.13%，占比最低的 2009 年，仅占 0.05%。对外贸易占 GDP 的比重也较低，远低于全国水平。1999—2018 年，全国进出口总额占 GDP 的比重均值为 45.65%，宁夏仅为 10.14%，全国比重是宁夏的 4.5 倍。1999—2018 年，全国进出口总额占 GDP 比重最高的年份 2006 年，为 64.24%，占比最低的年份 2016 年，为 32.61%。同期，宁夏占比最高的年份 2006 年，为 15.83%，占比最低的年份 2012 年，为 5.98%，全国数据分别是宁夏的 4.06 倍和 5.45 倍。

以上数据充分说明宁夏对外开放水平较低，亟待加强。开放带来进步，封闭必然落后，宁夏对外开放水平低制约经济高质量发展。

三、加快宁夏高质量发展的路径

习近平总书记视察宁夏重要讲话给宁夏坚持不懈推动高质量发展指明了方向，提出了具体措施。未来全区上下要齐心协力，认真贯彻落实习近平总书记重要讲话精神，持之以恒、久久为功，走好新时代的长征路。

（一）深入贯彻落实新发展理念

2016 年习近平总书记视察宁夏重要讲话指出："宁夏地处西部，发展不足仍是最大的实际。"发展是解决宁夏一切问题的基础和关键，发展必须是科学发展，必须坚定不移贯彻创新、协调、绿色、开放、共享的发展理念。新发展理念开辟了我党发展理论新境界，书写了中国特色社会主义政治经济学新篇章。新时代我国经济建设取得的重大成就，从根本上说都是坚定不移贯彻新发展理念，坚决端正发展观念、转变发展方式、提升发展质量和效益的结果。

"创新"可以解决宁夏发展动力不足的问题，"协调"重点解决宁夏山川发展不平衡、城乡发展不平衡问题，"绿色"重点解决宁夏生态环境脆弱的问题，"开放"重点解决宁夏对外贸易发展不足的问题，"共享"重点解决宁夏社会发展的公平正义问题。新发展理念引领宁夏发展实践必须落实到经济社会发展全过程、落实到全面建成小康社会各方面。

要坚定不移贯彻新发展理念，在创新发展上求突破，积极推进制度创新、科技创新、业态创新、模式创新；在协调发展上下工夫，推动城乡协调发展、区域协调发展、物质文明和精神文明协调发展；在绿色发展上用实招，严守生态保护红线，严把环境质量底线，严控资源消耗上线；在开放发展上抢机遇，优化开放环境，完善开放载体，畅通开放渠道，争取在扩大开放上有新作为；在共享发展上见成效，坚持以人民为中心的发展思想，尽力而为、量力而行，办好一批民生实事，解决一批民生难事，规划一批民生大事。

落实新发展理念，就要大力支持创新，要鼓励和支持创新就一定要保护好知识产权，让企业放心、安心投入大量资金搞科研，从而形成良性循环，要有针对性地对相关企业的研发给予扶持。有的企业虽有明确的研发目标，但由于资金需求量大只能搁置，有的企业物流成本高导致产品竞争力下降，还有的企业抱怨政府扶持资金所需的配套资金太高难以承受等等，这些问题有的是个性问题，有的是共性问题，都需要创新体制机制来加以解决。

银川隆基硅新材料有限公司是总部设在西安的上市公司，公司拥有全球最大单晶硅生产量，银川公司是唯一一家全产业链公司，公司十分重视科技创新，依靠持续创新有效应对高科技人员流动问题。公司长晶炉设备是定制产品，具有核心技术参数，其他公司无法拥有，公司依靠研发不断降低产品成本（每年降低成本的 10%）成为行业内的绝对龙头。

（二）深入推进供给侧结构性改革

2015 年，习近平总书记首次提出供给侧结构性改革，此后中央经济工作会议、政府工作报告、总书记讲话都多次强调要以供给侧结构性改革为主线不动摇。当前宁夏经济发展面临的问题既有供给问题也有需求问题，既有结构问题也有总量问题，但供给侧和结构性问题是矛盾的主要方面。

近些年，宁夏各级党委、政府深入推进供给侧结构性改革，在落实"三去一降一补"方面也取得了不错的成就。企业成本不断下降。2019 年，宁夏规模以上工业企业每百元营业收入中的成本为 83.48 元，比全国低 0.6 元。2019 年末，规模以上工业企业资产负债率为 61.0%，比上年末下降 1.8 个百分点。年末，全区商品房待售面积 957.57 万平方米，控制在 1000 万平方米以内。其中，住宅待售面积 344.51 万平方米，比上年末下降 10.4%。

宁夏的供给侧结构性问题，从深层次看，是科技创新不足的问题。宁夏经济发展过多依赖工业尤其是重工业的现实情况还没从根本上改变，经济发展仍然以资源、资本、劳动力等传统要素的大量投入和规模扩张为主，知识、信息、技术、数据等创新型生产要素投入不足，创新驱动发展还有待进一步扩展。未来宁夏一定要在培养和引进高科技人才方面继续下大工夫，通过特殊的人才政策，保证需要的人才引得来、留得住，能发挥人才作用。同时要更加主动地融入到东西部对口支援机制中，通过东西部合作增加宁夏自身的科技创新力量。要从"供"与"需"的重构中看发展潜力，供给与需求体系的重构对于调结构增效益、挖潜力降成本、扩需求畅循环产生了积极影响，带来了诸多利好，要在优化供给结构、提高供给质量中培育发展新优势、激发发展新动力。

（三）深入推进现代农业建设

宁夏是我国的"枸杞之乡""滩羊之乡""甘草之乡""硒砂瓜之乡""马铃薯之乡"。贺兰山东麓葡萄酒品质优良，多次获得国际、国内大奖，但是一个非常现实的问题是这些品牌的影响力不够，尤其是出宁夏后，这些品牌在全国、全世界消费者心中认可度不够。因此，宁夏未来要下大力气塑造当地品牌，向全国、全世界宣传本地农产品，打响品牌。

发展现代农业，关键要构建三个体系，即现代农业产业体系、生产体系和经营体系。

建设现代农业产业体系，大力调整种养结构，重点推进葡萄酒、枸杞、冷凉蔬菜和优质牛羊肉、优质奶等布局区域化、经营规模化、生产标准化、发展产业化，打造集研发、种植、加工、营销、文化、生态于一体的现代农业全产业链。

建设现代农业生产体系，就是要用现代科学技术提升农业生产效率和产品品质。要强化农业水利、农产品市场等公共基础设施，开展高标准农田建设，提高农业科技化、机械化、信息化水平，提高耕地产出率、劳动生产率、资源利用率。

建设现代农业经营体系，要着力提高农业生产经营集约化、组织化、社会化程度，增强农业经营活力。通过扶持一批新型农业经营主体如家庭农场、农民合作社等，起到示范效应，吸引更多的有知识、有文化、对农村有感情的年轻人从事农业生产。要在自愿、自主的基础上引导农村土地适度规模化经营，推进农业土地流转，重点培育一批有自主品牌的农业经营主体。

宁夏伊利乳业有限公司落户宁夏吴忠市，充分发挥了宁夏良好的奶牛饲养传统，结合这一区位优势，伊利集团将宁夏工厂作为集团产能最大的液态奶生产基地，2019年日产超高温灭菌乳达到2400吨。公司落户吴忠后通过技术链接、金融链接、风险链接、产业链接四个方面极大地带动了宁夏乳业整个产业链的快速、高质量发展。该公司拉动了配套产业吸管、物流、包装等行业发展，甚至还拉动了青铜峡火车站的货运业务、人员的发展。

（四）深入推进生态文明建设

宁夏的生态文明建设不仅关系到自身，还关系西北、华北生态安全。宁夏生态环境有其脆弱的一面，2014 年腾格里沙漠遭受企业污染事件，不仅给宁夏造成不好的影响，同时也暴露了宁夏在生态环境保护方面还存在一些短板。

保护生态环境是宁夏高质量发展的关键一环，是必须打赢的攻坚战。习近平总书记对宁夏生态环境保护十分重视。2020 年 6 月，习近平总书记视察宁夏看了 5 个点位，其中与生态环境保护建设相关的就有 3 个，并赋予宁夏新的历史使命，要求宁夏努力建设黄河流域生态保护和高质量发展先行区。

未来宁夏一定要充分认识保护黄河、治理黄河的重大意义，在推动黄河流域生态保护和高质量发展中体现宁夏担当、作出宁夏贡献。具体要从以下几个方面努力：

一是要把黄河长治久安作为重中之重。宁夏依黄河而生、因黄河而兴，保护黄河义不容辞，治理黄河责无旁贷。要努力建设黄河流域生态保护和高质量发展先行区，要对国之大者心中有数。

二是要打好保卫战。加强贺兰山、六盘山、罗山等自然保护区建设，加快实施矿山地质环境恢复治理工程。要继续用好宁夏人民探索出来的有效治沙方法，既防沙之害又用沙之利。

三是要加强制度建设。完善绿色发展长效机制、科学决策机制、政绩评价机制、责任追究机制。

（五）深入推进对外开放

2020 年 6 月，习近平总书记视察宁夏重要讲话提出推动改革开放取得新突破的重大要求，总书记指出宁夏要抓住共建"一带一路"重大机遇，坚持对内开放和对外开放相结合，培育开放型经济主体，营造开放型经济环境，以更高水平开放促进更高质量发展。对内开放要加强与国内发达地区合作交流，在东西部扶贫协作框架下，主动对接东部省份，发挥自身积极性创造性。加快拓展开放通道，加快银川至西安、北京、兰州方向高铁建设。完善开放机制，复制推广自贸区经验，开展首创性、差异化改革探索。对外开放要抓住共建"一带一路"重大机遇，促进宁夏"引进来""走出去"双向发展。

参考文献

[1]中国共产党宁夏回族自治区第十二届委员会第八次全体会议公报[N]. 宁夏日报，2019-12-07

[2]中国共产党宁夏回族自治区第十二届委员会第九次全体会议公报[EB/OL].[2019-12-30].http：//zwfw.nx.gov.cn/nxzw/newscontent.jsp？urltype=news.NewsContentUrl&wbtreeid=3342&wbnewsid=67105

[3]习近平谈治国理政[M]. 北京：外文出版社，2014

[4]习近平谈治国理政：第二卷[M]. 北京：外文出版社，2017

[5]宁夏统计年鉴2019[DB/OL]. http：//nxdata.com.cn/files_nx_pub/html/tjnj/2019/indexfiles/indexch.htm？1=1

[6]2020年政府工作报告[EB/OL]. [2020-05-30].http：//www.ccps.gov.cn/xtt/202005/t20200530_141283.shtml

[该文入选全区党校（行政学院〈校〉）系统学习宣传贯彻习近平总书记视察宁夏重要讲话精神理论研讨会]

坚持新发展理念
实现宁夏经济高质量发展

王雪虹

摘要： 2020年6月，习近平总书记到宁夏视察，对宁夏经济实现高质量发展提出了要求，为宁夏推动经济实现高质量发展提供了行动指南和根本遵循。我们要牢记习近平总书记的嘱托，坚持新发展理念，以新理念引领新发展，实现宁夏经济高质量发展。

关键词： 宁夏；高质量发展；新发展理念

2020年6月8—10日，习近平总书记到宁夏视察，对宁夏经济实现高质量发展提出了要求。习近平总书记的重要指示为宁夏推动经济实现高质量发展提供了行动指南和根本遵循，我们要按照习近平总书记的要求，坚持不懈推动高质量发展，加快转变经济发展方式、产业转型升级、新旧动能转换，推动经济发展实现量的合理增长和质的稳步提升，推动宁夏各项事业发展，努力把习近平总书记为宁夏擘画的宏伟蓝图变为美好现实。

一、宁夏经济高质量发展现状

（一）经济发展创新性

创新性指转变传统经济增长动力，将科学技术作为第一生产力，依托技术创造，促进经济持续增长，是推进经济高质量发展的关键。创新性包括技术创新、制度创新和管理创新，其中技术创新是核心。党的十九大报告指出，创新是引领发展的第一动力，是建设现代化经济体系的战略支撑。本文选用 R&D（研究与开发）支出占 GDP 比重、专利授权量指标反映宁夏经济发展创新性。（见表 1）

表 1　宁夏经济发展创新指数与全国对比

年　份	R&D 支出占 GDP 比重（%）		专利授权量（件）		教育支出占财政支出比重（%）	
	宁　夏	全　国	宁　夏	全　国	宁　夏	全　国
2012	0.78	1.97	842	1255138	12.32	16.86
2013	0.81	2.0	1211	1313000	12.24	15.69
2014	0.87	2.03	1424	1302687	12.26	15.18
2015	0.88	2.07	1865	1718192	12.52	14.94
2016	0.95	2.12	2677	1753763	12.16	14.95
2017	1.13	2.15	4243	1836434	12.43	14.85

1. R&D 支出占 GDP 比重

从各国经济发展现实分析，R&D 投入强度是影响技术创新能力提高的最重要因子之一。从经验数据来看，可分为三个层次：小于 1，表现为技术创新能力弱；介于 1 和 2 之间，表现为技术创新处于正常水平；大于 2，则对技术创新能力提高具有较强推动力。从表 1 可以看出，2012—2017 年，宁夏 R&D 支出占 GDP 比重由 0.78 提高到 1.13，提高 44.87%，年均增速 7.69%；同期，全国提高 9.1%，年均增速 1.76%。对比可以看出，不论从提高幅度还是年均增速来看，均高于全国，但绝对值却远低于全国平均水平，且大多数年份小于 1，说明宁夏 R&D 支出占 GDP 比重虽增速较快，但绝对值依然较低，对经济发展创新支撑不够。

2. 专利授权量

专利是受法律保护的发明创造，专利授权数量体现了区域成果的丰富程度和技术创新能力的高低。从表 1 可以看出，2012—2017 年，宁夏专利授权量从 842 件提高到 4243 件，提高了 4 倍；同期，全国从 1255138 件提高到 1836434 件，提高了 46%。宁夏虽提高幅度较大，但总量占全国比重不到 0.1%，表现为创新成果相对匮乏，创新能力与发达省份相比，差距非常悬殊。

（二）经济发展协调性

经济发展协调性与失衡相对立，是指区域发展均衡、城乡差距较小、生产结构适宜，经济发展过程中各方面、各环节、各因素协调统一状态，是确保经济社会行稳致远的关键。本文选用第三产业增加值占比反映宁夏经济发展协调性。（见表2）

表2　宁夏经济发展协调性指数与全国对比

年　份	第三产业增加值占比(%)		城镇化率(%)	
	宁　夏	全　国	宁　夏	全　国
2012	42.3	45.5	50.67	52.6
2013	42.9	46.9	52.01	53.73
2014	43.3	48.0	53.61	54.77
2015	44.3	50.5	55.23	56.10
2016	45.4	51.8	56.29	57.35
2017	46.8	51.9	57.98	58.52

从表2可以看出，2012—2017 年宁夏第三产业增加值占比从 42.3% 逐步提高到 46.8%，提高了 4.5 个百分点，年均提高 2.04%，提升速度较慢，第二产业依然占据较大比例，第三产业发展相对缓慢。同期，全国第三产业增加值占比从 45.5% 逐步提高到 51.9%，提高了 6.4 个百分点，年均提高 2.67%。对比可知，宁夏第三产业增加值占比不论从绝对值还是增速看，均低于全国平均水平，表现为产业结构不够合理，第三产业经济增长贡献率依旧较低。

（三）资源和生态环境代价

一直以来，粗放式的经济增长方式虽助推宁夏经济实现了快速发展，但环境污染、生态破坏、资源浪费等问题随着 GDP 增长日益严峻。当前，社会主要矛盾已发生变化，人民对美好环境的需求更加迫切，因此，资源和生态环境代价是衡量经济发展质量的一个重要方面。本文选用万元 GDP 能耗、工业 SO_2 排放量和工业废水排放量综合反映宁夏经济发展中的资源和生态环境代价。（见表 3）

表 3　宁夏经济发展环境代价指数与全国对比

年　份	万元 GDP 工业 SO_2 排放量（立方米）		万元 GDP 废水排放量（吨）		万元 GDP 能耗（吨标准煤）	
	宁　夏	全　国	宁　夏	全　国	宁　夏	全　国
2012	0.2	0.4	16.55	12.71	2.08	0.82
2013	0.2	0.3	14.87	11.73	2.00	0.79
2014	0.1	0.3	13.48	11.17	1.92	0.75
2015	0.1	0.3	10.93	10.72	1.94	0.71
2016	0.1	0.1	10.7	9.61	1.83	0.62
2017	0.1	0.1	8.89	8.52	1.72	0.59

1. 万元 GDP 工业 SO_2 排放量

从表 3 可以看出，2012—2017 年，宁夏万元 GDP 工业 SO_2 排放量从 0.2 逐渐下降至 0.1，全国从 0.4 下降至 0.1，均实现不同程度下降，但宁夏总体排放强度低于全国平均水平。主要原因在于宁夏通过技术改造，不断提高工业企业 SO_2 排放量，同时下大力气取消大量燃煤小锅炉，使得 SO_2 排放强度持续下降。

2. 万元 GDP 废水排放量

宁夏整体干旱缺水，水资源短缺一直是制约宁夏经济发展的主要因素，黄河水资源是支持生产生活的最主要来源。针对此问题，宁夏各级政府严格落实水资源管理办法，倡导高效用水、节约用水和废水净化处理回收利用。从表 3 可以看出，2012—2017 年以来，宁夏万元 GDP 废水排放量从 16.55 吨降至 8.89 吨，5 年时间下降了近 50%，成效显著。同期，全国万元 GDP 废水排放量从 12.71 吨将至 8.52 吨。相比较，宁夏下降幅度远大于全国水平，但从绝对量来看，依然高于全国水平。未来，加大水资源利用效率依然是宁夏经济持续发展的重点。

3. 万元 GDP 能耗

能耗强度是衡量区域经济发展方式的一个重要指标。能耗强度大的省份多以工业产业为主导，第三产业发展相对缓慢。从表 3 可以看出，2012—2017 年，宁夏万元 GDP 能耗从 2.08 吨标准煤降至 1.72 吨标准煤，下降了 17%，年均下降 3.7%。可以看出，能耗强度虽有下降，但幅度相对较小。同期，全国平均水平从 0.82 吨标准煤下降至 0.59 吨标准煤。不论从绝对值分析，还是从降速来看，宁夏均低于全国水平。主要原因在于宁夏煤炭资源丰富，工业产业是经济增长的主要支柱。对此，未来一段时间，宁夏一方面应调整产业结构，加快三产发展，降低二产占比；另一方面应进一步提高能源使用效率，全面降低能耗强度，减少污染综合排放。

（四）经济发展开放度

市场开放度、外贸依存度等指数综合反映经济开放程度。外贸依存度是区域经济对对外贸易的依赖程度，一般用进出口贸易总额与 GDP 比值表示。2012—2017 年，宁夏对外贸依存度情况见表 4。

表 4　宁夏外贸依存度与全国对比

年　份	宁夏(%)	全国(%)
2012	5.95	45.33
2013	7.69	43.54
2014	12.07	41.21
2015	8.01	35.79
2016	6.78	32.89
2017	9.91	33.89

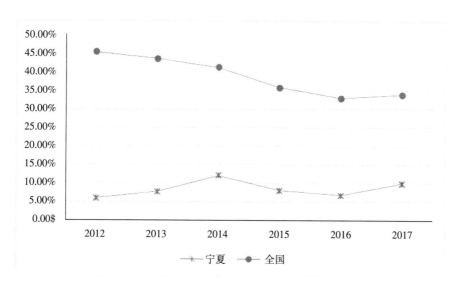

图 1　2012—2017 年宁夏与全国外贸依存度变化趋势

从表 4 和图 1 可以看出，2012—2017 年，宁夏经济外贸依存度在起伏波动中呈上升态势。2012—2014 年，从 5.95% 提高到 12.07%，提高了 6.12 个百分点，2014—2016 年下降到 6.78%，2017 年又提高到 9.91%。主要原因是 2014 年后受国际经济形势变化影响，我国整体贸易进出口严重受限，2017 年后进出口贸易逐渐恢复。同期，全国外贸依存度缓慢下滑，从 45.33% 下降至 33.89%，下降了 11.44 个百分点，说明我国出口贸易对经济拉动能力减弱，内需拉动能力逐渐增强。

（五）经济发展共享性

经济发展共享性是以人民为中心发展理念的具体反映，指坚持将经济发展成果更多惠及人民群众，缩小城乡、区域收入差距，实现全体人民共同富裕的目的。本文选用城乡居民收入比和城乡居民恩格尔系数综合反映宁夏经济发展共享性。（见表 5）

表5　宁夏经济发展共享性与全国对比

年　份	城乡居民收入比		城乡居民恩格尔系数(%)			
	宁　夏	全　国	宁　夏		全　国	
			城　镇	农　村	城　镇	农　村
2012	2.88	3.10	33.9	35.3	36.2	39.3
2013	2.83	3.03	31.9	34.4	35.0	37.7
2014	2.77	2.75	27.8	29.9	30.1	33.6
2015	2.76	2.73	25.7	29.2	29.7	33.0
2016	2.76	2.72	24.0	26.5	29.3	32.2
2017	2.74	2.71	24.5	25.3	28.6	31.2

1. 城乡居民收入比

从表5可以看出，2012—2017年，宁夏城乡居民收入比逐渐下降，从2.88下降至2.74；同期，全国从3.10下降至2.71。相比较，宁夏城乡居民收入比下降幅度虽不够大，但绝对值与全国基本持平，说明宁夏城乡居民收入差距在全国处于平均水平。未来，随着脱贫攻坚的进一步深入，宁夏城乡发展差距将进一步缩小。

2. 城乡居民恩格尔系数

恩格尔系数是指食品支出总额占个人消费支出总额的比重，是衡量一个家庭或一个国家富裕程度的主要标准之一。从表5可以看出，2012—2017年，宁夏城镇居民恩格尔系数从33.9%下降到24.5%，下降了9.4个百分点，年均下降6.3%；同期，全国城镇居民恩格尔系数从36.2%下降至28.6%，下降了7.6个百分点，年均下降4.61%。对比可以看出，不论从下降绝对值还是下降速度，宁夏城镇居民恩格尔系数均优于全国平均水平。宁夏农村居民恩格尔系数从35.3%下降至25.3%，下降了10个百分点，年均下降6.45%；同期，全国农村居民恩格尔系数从39.3%下降至31.2%，下降了8.1个百分点，年均下降4.52个百分点。对比可以看出，不论从下降绝对值还是下降速度，宁夏农村居民恩格尔系数均优于全国平均水平。综上，说明宁夏居民收入水平自党的十八大以来大幅上升，均高于全国同期平均水平。

二、制约宁夏经济高质量发展的主要问题

（一）创新驱动能力不足

创新是推动经济发展的第一动力。从宁夏目前创新能力的现实来看，在推动经济增长上的能力明显不足。作为市场主体的国有大中型企业整体创新动力不足，大多数情况下都愿意直接引进那些风险较低、技术相对比较成熟的产品和服务，对那些投资周期较长、风险较大、收益高的原始创新活动普遍缺乏兴趣和动力。从专利授权量来看，2012 年以来虽呈大幅增加态势，但与发达地区相比，首先，总量和人均占有量明显较低；其次，具有较高创新能力的人才短缺。宁夏地方经济实力较弱，教育发展水平不高，创新平台相对较少，创新环境不够优越，一方面难以吸引国内外高层次人才创业就业，另一方面还导致现有的很多高层次人才流向大中城市。截至目前，宁夏仅有两院院士 1 人，长江学者、领军人才数量与周边省份相比也明显太少。

（二）城乡区域发展不平衡

一是区域发展不平衡。宁夏经济发展层次从北向南依次降低，银川平原凭借黄河水资源优势，经济社会发展水平远高于干旱缺水的中南部地区。2017 年，仅银川市创造的 GDP 达 1803 亿，占全区的 50%以上；位于南部山区的固原市，人口约 150 万，占全区总人口的 22%，而创造的 GDP 仅 270.09 亿元，不足全区的 10%。此外，优质教育资源、医疗资源等多集中在银川都市圈。南部山区的海原县人均 GDP 不足银川市辖贺兰县的 25.3%。二是城乡发展不平衡。从收入来看，2017 年城乡居民收入比为 2.74:1，二者比值虽逐年下降，但收入绝对差值明显拉大。从基础设施建设水平来看，城市道路宽广、街道干净整洁，而部分农村地区道路或破败不堪，或因无人清扫而垃圾遍地，有些家庭甚至没有厕所。从基本公共服务来看，宁夏优质教育资源多集中于城市，宁夏全区重点

优质中小学 90% 以上集中在城市，乡村优质师资加速流失，导致农村中小学教育质量踟蹰不前。很多乡村卫生院医疗器械和医务人员短缺，很多时候连最基本的感冒发烧等医疗保障都难以做到。

（三）生态环境问题突出

宁夏地处黄土高原与内蒙古高原的过渡地带，干旱少雨缺水，多年平均降雨量 200 毫米，极端气候天气频繁，中南部地区水土流失现象严重，森林覆盖率仅 11.89%。近年来，宁夏依托煤炭资源优势，化工产业快速发展，给生态环境带来诸多负面影响，大气环境质量持续下降。此外，因过度使用化肥农药，一方面导致土壤受到污染，酸化加重，物理性质改变，另一方面也导致空气质量持续下降。

（四）对外开放度不够高

因区位条件、交通运输条件所限，一直以来宁夏交流合作相对较少，市场开放程度不够高。进出口贸易总额占 GDP 比重基本处在 10% 以下，远低于全国平均水平，且出口产品多以羊绒、硅铁、羊肉等初级产品为主，高科技产品相对较少。市场经济不够发达，国有大中型企业发展速度较快，而民营企业发展缓慢，且面临融资难、效益低等多种困难。政府行政手段对市场经济行为干预较多，民间经济发展乏力。交通基础设施相对落后，严重制约宁夏与外界的交流合作。

三、推动宁夏经济高质量发展的对策

习近平总书记要求宁夏要发挥创新驱动作用，推动产业向高端化、绿色化、智能化、融合化方向发展。对于宁夏这样的欠发达地区来说，必须坚持新发展理念，推动经济实现高质量发展。

（一）加快新旧动能转换

深入实施创新驱动战略，围绕产业链布局创新链，推动经济发展从要素驱动向创新驱动深刻转变。加快推进科技创新，深化科技体制改革，突出企业主体地位，充分运用市场机制，完善以需求为导向的项目形成

机制，更高层次推进东西部科技合作，争取国家在宁夏布局建设一批重大科技基础设施和创新平台。支持企业柔性引才引智，鼓励企业建立新型研发机构，大力培育高新技术企业，积极引进先进适用技术成果和关键核心设备，探索区外聚才创新、区内转化应用有效路径，有效聚合区内外创新资源开展协同攻关、助力产业转型。加快推进模式创新，以"5G+""互联网+""机器人+""标准化+"融合应用为重点，运用大数据、人工智能等新技术对生产、流通、分配、消费环节进行改造赋能，积极推进服务模式、商业模式、制造模式、融资模式创新，增创竞争新优势。加快推进业态创新，积极跟进消费升级需求，大力推动金融、物流、科技服务、信息服务等生产性服务业向专业化、高价值延伸，支持推动全域旅游、现代商贸、家政服务、养老托幼文化产业等生活性服务业向多样化、高品质升级，大力发展旅游经济、假日经济、夜间经济、网络经济，促进现代服务业做大规模、做优结构、做高层次。

（二）推进区域均衡发展

宁夏北部石嘴山地区，因煤而生、因煤而兴，近年来因煤炭资源加速枯竭，经济发展动能不足，生态环境破坏严重，发展速度明显减缓。对此，应加快转型发展，对传统产业进行升级改造，进一步优化产业结构。实施多元化发展战略，将发展重心从煤炭依赖型转换到高端机械智能制造、新材料、现代能源化工、乡村旅游等产业上来。银川、吴忠地区充分发挥区位优势，大力发展现代服务业和附加值相对较高的现代农业、现代纺织和高端能源化工产业，进一步提高对全区经济发展的引领和带动作用。南部固原地区加快推进深度贫困地区脱贫攻坚步伐，不断提高低收入群体生活水平。以生态立区战略为指引，加快推进生态补偿落地实施，确保贺兰山、六盘山区域生态环境得到有效保护。同时，深入实施乡村振兴战略，繁荣乡村经济，缩小城乡差距，推进全区经济社会持续均衡发展。

（三）加大环境污染防治

要牢固树立绿水青山就是金山银山的理念，统筹山水林田湖草系统治理，优化国土空间开发格局，继续打好蓝天、碧水、净土保卫战，抓好生态环境保护。要把保障黄河长治久安作为重中之重，实施河道和滩区综合治理工程，统筹推进两岸堤防、河道控导、滩区治理，推进水资源节约集约利用，统筹推进生态保护修复和环境治理，努力建设河段堤防安全标准区、生态保护修复示范区、环境污染治理率先区、经济转型发展创新区、黄河文化传承彰显区。坚持人口资源环境相均衡、经济社会生态相统一，整体推进国土空间开发保护，划准划优划实生态保护红线、永久基本农田、城镇开发边界"三条控制线"，用规划管活动、保自然、促修复。统筹推进山水林田湖草沙生态系统修复，重点加强贺兰山、六盘山、罗山生态保护修复治理。贺兰山重点推进矿山地质环境恢复治理，实施地质环境综合整治，依法退出损害生态功能的产业、项目和采矿，加强贺兰山东麓葡萄长廊防护林建设和山洪沟两侧植被修复。

（四）加快开放发展步伐

抓住共建"一带一路"重大机遇，坚持对内开放和对外开放相结合，增强开放意识、搭建开放平台、畅通开放通道、培育开放主体、营造开放环境，积极融入国内大循环、主动参与国际国内双循环，加快构建内外结合、东西联动、多向并进的开放新格局。扩大对外开放，培育开放型经济主体，营造开放型经济环境，完善开放型经济载体，从经济角度出发办好中阿博览会，加快银川跨境电子商务综合试验区建设，加快银川综合保税区与河东国际机场融合发展，培育建设临空产业集聚区，复制推广自贸试验区改革试点经验，争取国家支持设立中国（宁夏）自由贸易试验区。

（五）转变发展方式

坚定不移贯彻新发展理念，以供给侧结构性改革为主线，以改革开放为动力，坚持不懈推动高质量发展。落实"三去一降一补"任务，大力实施结构改造、绿色改造、技术改造、智能改造，推动产业结构、产能结构、产品结构调整。实施结构改造行动。围绕调优种养业结构，以龙头企业为依托，以产业园区为支撑，以特色发展为目标，健全质量标准，完善冷链物流体系。大力实施品牌战略，加快建立现代农业产业体系、生产体系、经营体系，建设黄河流域现代农业高质量发展示范区，推动优质粮食、瓜果蔬菜等产业更"绿色"，葡萄酒、枸杞产业更"红火"，肉牛、奶牛产业更"牛劲"，滩羊产业更"洋气"，让更多的特色农产品走向市场。围绕调新制造业结构，全面落实市场准入负面清单，严控资源消耗大、环境污染重、投入产出低的行业企业发展，建立"散乱污"企业整治长效机制，加快淘汰低端落后产能，妥善处置"僵尸企业"，实现制造业结构再造。

参考文献

[1]任保平.以质量看待增长：对新中国经济增长质量的评价与反思[M].北京：中国经济出版社，2010

[2]杨志慧.宁夏城乡居民收入与经济增长关系实证分析[J].统计与经济，2013（05）

[3]李钰.宁夏产业结构优化研究[D].宁夏大学，2017

[4]钞小静，惠康.中国经济增长质量的测度[J].数量经济技术经济研究，2019（06）

［该文入选全区党校（行政学院〈校〉）系统学习宣传贯彻习近平总书记视察宁夏重要讲话精神理论研讨会］

在推动黄河流域生态保护和高质量
发展中体现宁夏担当

姜绍静

摘要： 习近平总书记指出，宁夏要有大局观念和责任担当，努力建设黄河流域生态保护和高质量发展先行区。宁夏必须扛起这份责任，更加珍惜黄河，精心呵护黄河，以习近平总书记在黄河流域生态保护和高质量发展座谈会上的讲话及 2020 年 6 月视察宁夏重要讲话精神为指引，推动宁夏高质量发展。

关键词： 黄河流域；生态保护；高质量发展

习近平总书记高度重视黄河流域生态保护和高质量发展。习近平总书记在 2020 年 6 月视察宁夏时指出，黄河是中华民族的母亲河，是中华民族和中华文明赖以生存发展的宝贵资源。自古以来，黄河水滋养着宁夏这片美丽富饶的土地，今天仍在造福宁夏各族人民。宁夏要有大局观念和责任担当，更加珍惜黄河，精心呵护黄河，坚持综合治理、系统治理、源头治理，明确黄河保护红线底线，统筹推进堤防建设、河道整治、滩区治理、生态修复等重大工程，守好改善生态环境生命线。

一、宁夏必须有大局观念和责任担当

（一）宁夏受益于黄河

宁夏是沿黄九省区中唯一全境属于黄河流域的省份。黄河宁夏段约占黄河全长的 1/14，全长 397 公里。在黄河水滋养下，宁夏平原土地肥沃、物产丰富，素有"塞上江南"之称。宁夏因黄河而生、因黄河而兴、因黄河而美，独享"塞上江南"和"天下黄河富宁夏"美誉。宁夏引黄古灌区是我国历史最悠久、规模最大的灌区之一，被列入世界灌溉工程遗产名录。宁夏近 90%的水资源来自黄河，60%的耕地用的是黄河水，78%的人口喝的是黄河水。宁夏受益于黄河，理应先行一步，像爱护自己的眼睛一样珍惜黄河，精心呵护黄河。

（二）宁夏要有大局观念

治理黄河要上下游、干支流、左右岸统筹谋划，共同抓好大保护，协同推进大治理。其一，黄河生态系统是一个有机整体，要充分考虑上中下游的差异，宁夏要突出抓好水土保持和污染治理。要弄清楚适宜当地的树种，大力建设旱作梯田、淤地坝等，进行自然恢复，逐步改善局部小气候。其二，必须推进水资源节约集约利用。黄河水资源量就这么多，不能把水当作无限供给的资源。"有多少汤泡多少馍"。坚决抑制不合理用水需求，大力发展节水产业和技术，大力推进农业节水，实施全社会节水行动，推动用水方式由粗放向节约集约转变。其三，在推动黄河流域高质量发展中，沿黄各地区要从实际出发，宜水则水、宜山则山、宜粮则粮、宜农则农、宜工则工、宜商则商，积极探索富有地域特色的高质量发展新路子。宁夏平原粮食主产区要发展现代农业，把农产品质量提上去，为保障国家粮食安全作出贡献。总之，宁夏要从全国战略布局、全国生态体系、黄河流域协同治理中，看待自身的定位和发展，跳出一时一域，考虑"国之大者"。

二、宁夏在推动黄河流域生态保护和高质量发展中的担当

习近平总书记在听取宁夏党委和政府工作汇报后指出："要牢固树立绿水青山就是金山银山的理念，统筹山水林田湖草系统治理，优化国土空间开发格局，继续打好蓝天、碧水、净土保卫战，抓好生态环境保护。要把保障黄河长治久安作为重中之重，实施河道和滩区综合治理工程，统筹推进两岸堤防、河道控导、滩区治理，推进水资源节约集约利用，统筹推进生态保护修复和环境治理，努力建设黄河流域生态保护和高质量发展先行区。"

对标总书记要求，宁夏需要做好如下工作。

一是牢固树立"绿水青山就是金山银山"的理念。宁夏既要绿水青山，也要金山银山。宁夏需要在"两山"理念指导下处理好发展经济和保护生态之间的矛盾，时刻牢记经济发展不能以破坏生态为代价，生态本身就是经济，保护生态就是发展生产力。自2017年以来，宁夏执行《六盘山重点生态功能区降水量400毫米以上区域造林绿化工程规划》，总投资20.55亿元，让更多贫困群众享受到了绿水青山带来的红利。这项工程通过实施生态扶贫工程，蹚出了一条山川增绿、百姓增收的生态扶贫新路子。宁夏要坚持山水林田湖草综合治理、系统治理、源头治理，以宁夏南部黄土丘陵区为治理重点，全面推广彭阳小流域综合治理和隆德渝河治理经验，推进旱作梯田和淤地坝改造，减少入黄泥沙量，增强水源涵养能力，构建西北地区重要生态安全屏障。

二是抓好生态环境保护的红线，继续打好蓝天、碧水、净土保卫战。根据自治区第十二次党代会确立的生态立区战略，加快建设天蓝、地绿、水美、空气清新的美丽宁夏，努力打造西部地区生态文明建设先行区，为宁夏环境质量持续改善、生态环境保护迈出坚实步伐。但是宁夏在生态环境保护方面仍面临较大压力：宁夏全区生态环境较为脆弱，绿色发展的动力和能力不够强；倚重倚能的产业结构尚未得到有效转变，主要污染物排放强度大；重污染天气、黑臭水体、恶臭扰民、生态破坏等问题时有发生，环境风险隐患逐步凸显。宁夏必须深入实施蓝天、碧水、净土"三大行动"，切实增强打好污染防治攻坚战的责任感、紧迫感和使命感。

三是在实现"保障黄河长治久安"目标里贡献宁夏力量。"黄河宁，天下平""治理黄河，重在保护，要在治理"，宁夏要突出抓好水土保持和污染治理，确保黄河安澜。2016 年习近平总书记视察宁夏时就指出，"要加强黄河保护，坚决杜绝污染黄河行为，让母亲河永远健康"。宁夏需要以黄河水生态环境质量改善为核心，坚持上下游统筹、干支流共治、左右岸齐抓，全力推进"五水"共治。生态环境、水利、工信、住建、自然资源、农业农村等部门共同发力、多管齐下，实现共防、共保、共治，守好改善生态环境生命线。

此外，要实事求是看待宁夏在黄河流域的地位和作用，清醒认识黄河水资源、水生态、水环境的刚性约束，做好以水定城、以水定地、以水定人、以水定产的文章。要合理规划人口、城市和产业发展，坚决抑制不合理用水需求，大力发展节水产业和技术，大力推进农业节水，实施全社会节水行动，推动用水方式由粗放向节约集约转变，保护好黄河水资源。

三、宁夏努力建设黄河流域生态保护和高质量发展先行区

沿黄九省区，中央把建设黄河流域生态保护和高质量发展先行区的任务交给宁夏，既体现了中央对宁夏党委、政府和人民的信任，又凸显了宁夏在黄河流域的重要地位，宁夏必须扛起这份责任，充分体现宁夏的政治担当、历史担当和责任担当。

（一）切实增强对党忠诚、为民造福的政治担当

对党忠诚，就要坚持党和人民的根本立场，在思想上政治上行动上同以习近平同志为核心的党中央保持高度一致，增强"四个意识"、坚定"四个自信"、做到"两个维护"。2020 年 6 月，习近平总书记来宁视察讲话，与 2016 年来宁视察讲话，一脉相承，共同构成了新时代宁夏发展的行动纲领，是习近平新时代中国特色社会主义思想的宁夏篇。2020 年 6 月，习近平总书记强调，宁夏要努力建设黄河流域生态保护和高质量

发展先行区。这意味着宁夏在黄河流域生态保护和高质量发展国家战略中被赋予了新的重大历史使命。宁夏必须从政治高度认识这一使命，切实担当起这一重任。

(二) 切实增强时不我待、只争朝夕的历史担当

千百年来，黄河哺育了中华民族，孕育了中华文明。九曲黄河，不仅塑造了中华民族的品格，奠定了中华民族的文化自信，而且黄河流域是我国重要的生态屏障、经济地带、脱贫攻坚重要区域。但是，黄河流域自然灾害频发，"黄河宁，天下平"，中华民族治理黄河的历史也是一部治国史。黄河流域仍存在洪水风险、生态环境脆弱、水资源保障形势严峻、发展治理有待提高等突出困难和问题，这些问题，表象在黄河，根子在流域。因此，宁夏要在黄河流域生态保护和高质量发展中主动担当，以"功成不必在我"的精神境界和"功成必定有我"的历史担当，保护和治理好黄河。

(三) 切实增强守土有责、守土负责、守土尽责的责任担当

宁夏在建设黄河流域生态保护和高质量发展先行区时，要落实习近平总书记在黄河流域生态保护和高质量发展座谈会上的讲话及 2020 年 6 月视察宁夏重要讲话精神，扎实做好宁夏工作。宁夏各地要基于资源禀赋的不同，发挥比较优势，构建高质量发展的动力系统。宁夏虽是小省区，但从南到北的地形自然条件迥异，从南到北分布着南部山区、中部干旱带、北部引黄灌区。按照"宜水则水、宜山则山，宜粮则粮，宜农则农，宜工则工、宜商则商"原则，如：南部山区基于其地理位置，应遵循"宜山则山"原则，在六盘山水源涵养区开展山水林田湖草系统治理，实施生态保护修复和建设工程，增强水源涵养能力，保护生物多样性，发展林下经济；北部引黄灌区则要发展现代农业，提高农产品质量；银川都市圈要集约发展，提高经济和人口承载能力。

参考文献

[1]习近平.在黄河流域生态保护和高质量发展座谈会上的讲话[J].求是，2019（20）

[2]决胜全面建成小康社会决战脱贫攻坚 继续建设经济繁荣民族团结环境优美人民富裕的美丽新宁夏[EB/OL].人民网，http：//dangjian.people.com.cn/n1/2020/0611/c117092-31742504.html，2020-06-11/2020-06-20

［该文入选全区党校（行政学院〈校〉）系统学习宣传贯彻习近平总书记视察宁夏重要讲话精神理论研讨会］

担当黄河生态保护之责
夯实宁夏高质量发展之基

吴　瑾

摘要： 2020 年 6 月，习近平总书记视察宁夏，提出宁夏要努力建设黄河流域生态保护和高质量发展先行区。这是赋予宁夏新的时代重任，为新时代宁夏生态文明建设和经济社会发展指明了方向。黄河流域生态保护是宁夏肩负的使命和责任，是宁夏实现高质量发展的必由之路。宁夏广大干部群众要形成共识，切实加强黄河流域生态建设，推进宁夏高质量发展。

关键词： 黄河流域；生态保护；高质量发展

2020 年 6 月，习近平总书记来到宁夏视察，指出"宁夏要有大局观念和责任担当，更加珍惜黄河，精心呵护黄河"，强调"要把保障黄河长治久安作为重中之重，实施河道和滩区综合治理工程，统筹推进两岸堤防、河道控导、滩区治理，推进水资源节约集约利用，统筹推进生态保护修复和环境治理，努力建设黄河流域生态保护和高质量发展先行区"。习近平总书记要求宁夏努力建设黄河流域生态保护和高质量发展先行区，这是赋予宁夏新的时代重任，为新时代宁夏生态文明建设和经济社会发展指明了方向。宁夏广大党员干部要切实承担起建设黄河流域生态保护和高质量发展先行区的重大政治责任，坚持以习近平新时代中国特色社会主义思想为指导，坚决贯彻习近平总书记在黄河流域生态保护和高质量发展座谈会与视察宁夏时的重要讲话精神。

一、黄河流域生态保护是宁夏肩负的重大使命和责任

（一）黄河水是宁夏发展之源

宁夏的富饶离不开黄河的滋养。早在秦汉时期宁夏平原就引黄灌溉，纵横的灌渠像一根根输送养分的血管，让原本贫瘠的土地焕发出勃勃生机。依仗母亲河，宁夏造就了"黄河百害，为富一套"的神话，在半干旱地区形成了独特的"塞上江南"景象。

但随着人类活动的加剧，宁夏的生态环境形势不容乐观。江河湖海的干涸、草场的退化、生态环境的恶化，既与大气候的沧桑变化息息相关，更同人类的生产生活实践密不可分。尤其是在科技飞速发展、人类生活欲求日益膨胀的今天，人类对于自然的影响力达到了地球演化史上从未有过的程度，并且这种影响力持续以加速度增长。近些年，随着降水增多，生态环境改善明显，尤其是六盘山区，很多地方都重现了山林蓊郁的景象。但另一方面，由于地球变暖，气温不断上升，西北地区的幅度更是高于全国，蒸发量随之增加，导致地表径流增长不显著，有些地方甚至是有减无增。因此，面对自然，人类应当时时约束自身的行为，不能逃避对于大自然的责任和义务。

黄河兴则宁夏兴，黄河兴则民族兴，黄河承载了中华民族五千年的文明，现在依然在为中华民族默默奉献，我们没有理由不善待自己的母亲河。

（二）黄河史是宁夏文化之魂

黄河对于中华民族来讲是一个特殊的文化符号，是中华文明的孕育诞生之地，对于母亲河的敬畏与感恩天然地融入中华民族的血液之中。黄河流域既有丰富的自然资源，又有丰厚的文化遗产，这些都足以让我们满怀感恩之情与敬畏之心。

185

位于黄河上游的宁夏地处游牧文明与农耕文明的过渡带，历史上中原文化、边塞文化、河套文化、丝路文化等多种文化形态在这里激荡交融，形成了独特的多元文化特色，留下了丰厚的文化遗产。贺兰山岩画、西夏陵、水洞沟遗址、开城遗址等历史遗迹，红色文化、农耕文化、水利文化等黄河文化精髓，为把沿黄各景区景点作为一个大景区整体规划建设提供了宝贵财富，弘扬黄河文化价值、挖掘旅游市场潜力大有可为。

（三）黄河治理是宁夏应尽之责

黄河是中华民族的母亲河，保护黄河是事关中华民族伟大复兴的千秋大计。宁夏全境属于黄河流域，依黄河而生，因黄河而兴，由于地处黄河上游，是青藏高原、西北干旱、东部三大季风气候交汇过渡带，因此宁夏是我国重要的生态节点、生态屏障和生态通道。宁夏的生态建设，事关西北乃至全国的生态安全，我们所处的生态地位，决定了宁夏在国家生态安全中必须承担的重大责任和使命。

黄河流域生态是一个整体，黄河治理不是上下游孤立进行的，而是一项牵一发而动全身的系统工程，需要上下游之间既要各负其责，又要协同作战。例如黄河因携带黄土高原的大量泥沙奔腾而下，自古以来多次造成中下游地区的决口、改道、泛滥，给老百姓带来了深重的灾难。只有上下游各省区协同推进黄河治理，才是解决黄河水患的长久之策。宁夏处于黄河上游，承担着水源涵养、水土保持的重大任务。当前，宁夏黄河流域水土流失严重，水源涵养能力退化，水污染问题依然突出，洪涝隐患仍旧存在，保护黄河生态之责，上游地区担子更重。因此，保护好母亲河是我们义不容辞的重大责任，建设先行区是保障国家生态安全必须承担的重大使命。在上游为保护黄河生态付出发展代价的同时，下游地区要有一个补偿机制，要明确流域上下游和生态相关领域市县责任，健全生态保护补偿政策制度，按照"谁损害、谁赔偿"的原则，依法依规追究损害赔偿责任。

二、生态保护是实现高质量发展的必由之路

(一)绿色发展是高质量发展应有之义

生态环境脆弱是制约宁夏实现高质量发展的一大因素。一个地方的生态环境是由其特殊的气候、地理、土壤等条件所决定的,而人类的活动一旦脱离当地的自然环境制约,向大自然过度索取,势必造成自然条件的改变,从而诱发越来越频繁的自然灾害。当前一些干部群众对什么是绿色发展仍然存在模糊认识,比如黄土高原地区,其土壤具有质地均匀、结构疏松、透水性强、易崩解、脱水固结快等特点,而有些部门以退耕还林之名,将山坡、淤地坝等处的本土植物铲除,代之以大面积的外来树种。景观是好看了,但这类林木一般需要大量的浇水来维持,同时又破坏了原有的土壤结构,导致本土植物难以生长,既浪费了宝贵的水土资源,又可能加剧水土流失,结果得不偿失。要注重保护发展本地的树种草种,保护生物多样性,谨慎引入外来品种,生物入侵带来的生态灾难在世界各地时有发生,足以引起我们的警醒。又比如实施退耕还林还草和封山禁牧政策以来,牛羊等大型牲畜对生态的破坏得到有效遏制,野生动物得以重归山野,但由于食草动物易于繁殖,食肉动物不能得到及时补充,繁殖能力强、生存能力强的动物缺少天敌的制约,食物链平衡被打破,导致一些新的破坏因素的产生,如山区野猪为患、草原鼠害加剧。

高质量发展是以绿色发展为前提的。宁夏要以水源涵养为重点,抓住"一河三山"等生态功能区和生态敏感脆弱区,高水平推进生态保护建设各项任务,提升生态环境承载能力,保障黄河流域生态安全。集中一段时间强化污染防治攻坚和生态环境治理,确保黄河在宁夏段污染不增加、水质不下降。贯彻落实新发展理念,深入实施传统产业提升、新兴产业提速、特色产业品牌、现代服务业提档工程,推动产业高端化、绿色化、智能化、融合化发展,走出一条高质量发展的新路子,实现经济社会发展和生态环境保护协调统一、协同共生。

(二) 生态资源为高质量发展提供空间支持

良好的生态环境、市场环境、制度环境可以吸引与激励企业朝着优化结构、提高质量、增强效益的方向努力，从而对创新驱动高质量发展起到推动作用。黄河流域生态保护和高质量发展是重大国家战略，为贯彻落实好这一战略，应着重发挥黄河流域中心城市带动引领作用，提升黄河流域综合承载力和资源配置效率，形成优势互补、高质量发展的区域经济布局。

宁夏"一带三区"的生态保护治理总体布局主要包括："一带"是黄河生态经济带。沿黄区域聚集了全区 80% 以上的城镇人口，贡献了90% 以上的 GDP 和财政收入，是打造黄河流域生态保护和高质量发展先行区的核心区域。"三区"：一是北部绿色发展区。发挥黄河自流灌溉和贺兰山生态屏障的自然优势，以银川平原、卫宁平原和贺兰山自然保护区为重点区域，突出生态治理和绿色发展，加大矿山地质环境修复，建设贺兰山东麓绿道、绿廊和绿网，治理河湖湿地生态，优化畅通水系水网，构建绿色高效、优势突出的现代产业体系，巩固提升"塞上江南"的自然美景，推进产业转型升级在全区走在前、做表率。二是中部防沙治沙区。立足中部地区干旱缺水、沙化严重、生态脆弱的问题，以干旱风沙区和罗山自然保护区为重点区域，突出生态保护和水土保持，加强自然保护区生态修复，综合治理退化沙化草原，因地制宜发展林果业和沙产业，巩固防沙治沙和荒漠化综合治理成果。三是南部水源涵养区。着眼增强六盘山天然水塔、生态绿岛功能，以南部黄土丘陵区和六盘山自然保护区为重点区域，突出生态保护和水源涵养，综合治理黄河支流，加强小流域综合治理，加大植树造林力度，建设生态经济林，保护森林资源和生物多样性，持续提升水源涵养和水土保持功能。

（三）生态保护与高质量发展实现双赢

坚定不移推动高质量发展，努力实现生态保护与高质量发展的双赢。发展不能以牺牲生态环境为代价，不能简单以经济增长为目的，要以人的需要为第一需要，以人的标准为第一标准，尤其在干旱或高海拔地区，生态本就脆弱，自身修复能力差，一旦遭到破坏，可能需要好多年才能恢复，而有些破坏甚至是不可逆的。在尊重自然规律中谋发展，往往可收事半功倍之效。

加强黄河流域生态保护是推动宁夏高质量发展的现实选择。近年来，宁夏经济基本保持快速健康发展，但作为落后省区，经济总量低、人均收入少、经济结构不优、发展质量不高等问题仍然突出，加快经济发展、提升发展质量与加强生态保护的任务艰巨。水是发展之源，宁夏的发展得益于黄河，同时又受水资源缺乏的制约，过度开发利用黄河水的隐忧依然存在。比如农业生产需要大量用水，上游地区的农业灌溉每年大概要用掉黄河年平均水流量的 1/3，这样一来，流到下游的水量就会很少，甚至引发下游的断流。应该说，在干旱的黄河上游地区是不适合大规模发展农业的。国家因此对黄河流域各省份的用水进行了控制，倒逼上游地区不得不推行节水灌溉技术，使得下游的断流状况有所缓解。但这样一方面导致管理费用增高，另一方面因管理不善或技术水平不高，浪费水资源的现象依然普遍。除了生产生活用水尤其是农业用水之外，在一些干旱地区，依然不切实际地建景观水，造成水资源的无谓浪费。除水资源的浪费外，水污染对水资源的破坏力往往更大。要破解这些难题，就必须坚决贯彻新发展理念。

生态环境和经济发展息息相关，生态保护本身就是高质量发展题中应有之义。高质量发展绝不是一味地追求发展速度，发展速度过快，以至于生态环境跟不上发展的步子，结果导致大自然的反噬，不仅得不偿失，反而后患无穷。宁夏发展倚能倚重，经济结构矛盾突出，生态环境脆弱，质量效益偏低，增长动力后劲不足，这些问题的解决必须要处理好生态保护与经济发展的关系。要严控资源消耗大、环境污染重、投入产出低的行业企业发展，坚决淘汰落后产能，积极化解过剩产能，加快"僵尸企业"有序退出，逐步改变倚重倚能的产业结构，以生态保护倒逼发展方式转变，探索出一条高质量发展的路子。

三、切实加强黄河流域生态建设，推进宁夏高质量发展

（一）坚定不移地践行新发展理念

宁夏全区广大党员干部，要深刻认识建设黄河流域生态保护和高质量发展先行区的重大意义，增强建设先行区的政治自觉、思想自觉和行动自觉。在贯彻新发展理念上争做先导，在创新体制机制上先行先试，在黄河流域生态保护上走在前列，奋力推进高质量发展，勇敢地承担起建设黄河流域生态保护和高质量发展先行区的重大使命。一要坚持生态优先、绿色发展。践行绿水青山就是金山银山的理念，坚定走绿色、可持续发展之路，形成节约资源和保护生态环境的空间格局、产业结构、生产方式、生活方式。二要坚持量水而行、高效利用。把水资源作为最大刚性约束，坚持以水定城、以水定地、以水定人、以水定产，合理规划人口、城市和产业发展，坚决抑制不合理用水需求。要大力发展节水农业，扩大葡萄、枸杞等抗旱农作物规模，打响特色农业品牌，把珍贵的黄河水用于效率高的领域，推动用水方式由粗放低效向节约集约转变，实现水资源的高效利用。

要着力加强生态保护治理，着力保障黄河长治久安，着力推进水资源节约集约利用，着力促进全流域高质量发展，着力保护传承弘扬黄河文化。推广环保的生产方式与倡导环保的生活方式齐头并进，要善于挖掘和传承"天人合一"等优秀传统文化理念，保留本土文化的合理内核。通过努力建设黄河流域生态保护和高质量发展先行区，筑牢祖国西北乃至全国生态安全屏障，为建设经济繁荣、民族团结、环境优美、人民富裕的美丽新宁夏不懈奋斗。

（二）始终坚持以人民为中心的发展思想

习近平总书记强调："以百姓心为心，与人民同呼吸、共命运、心连心，是党的初心，也是党的恒心。"推动高质量发展，根本目的是不断增进民生福祉，更好满足人民美好生活需要，不能因为保护生态环境而降低人民群众生活的质量。保护黄河流域生态的同时，要改善当地群众的生产生活条件，解决好民生问题，才能真正做到长治久安。要在调查研究和科学论证的基础上，真正做到因地制宜，宜林则林、宜牧则牧、宜农则农，不能搞简单的"一刀切"。实现高质量发展需要始终坚持以人民为中心的发展思想，把生态文明建设同经济社会发展统筹起来、同保障改善民生统一起来，加快补齐民生短板，加强普惠性、基础性、兜底性民生事业建设，切实让黄河成为造福人民的幸福河，只有这样，高质量发展才能真正生根落地。

（三）扎实推进工作，不负总书记嘱托

"黄河是中华民族的母亲河，是中华民族和中华文明赖以生存发展的宝贵资源。自古以来，黄河水滋养着宁夏这片美丽富饶的土地，今天仍在造福宁夏各族人民。宁夏要有大局观念和责任担当，更加珍惜黄河，精心呵护黄河，坚持综合治理、系统治理、源头治理，明确黄河保护红线底线，统筹推进堤防建设、河道整治、滩区治理、生态修复等重大工程，守好改善生态环境生命线。"习近平总书记的重要讲话为宁夏推动黄河流域生态保护提出了具体要求。

为把习近平总书记的要求落到实处，需要重点做好以下几项工作：一是保障黄河安澜，二是保护修复生态，三是治理环境污染，四是优化资源利用，五是转变发展方式，六是完善基础设施，七是优化城镇布局，八是保障改善民生，九是加快生态建设，十是发展黄河文化。

参考文献

[1]贾兵强.水文化研究·七·科技黄河研究[M].北京：中国社会科学出版社，2014

[2]汪永晨.纪事黄河——黄河十年行（2010—2013）[M].广州：花城出版社，2015

[3]宋瑞，金准，吴金梅."一带一路"与黄河旅游[M].北京：社会科学文献出版社，2017

[4]任保平，等.中国经济增长质量发展报告（2019）：新时代下中国经济的高质量发展[M].北京：中国经济出版社，2019

[该文入选全区党校（行政学院〈校〉）系统学习宣传贯彻习近平总书记视察宁夏重要讲话精神理论研讨会]

黄河流域中卫段生态保护与治理的对策研究

李小刚

摘要： 自古以来就有"天下黄河富宁夏，首富中卫"的美谈。黄河自西向东横穿中卫，过境流程 182 千米。中卫依母亲河而生、因母亲河而兴，保护母亲河义不容辞、治理母亲河责无旁贷。近年来，中卫市在黄河流域治理与保护方面取得了一定成效，但也存在一些不足和短板，要以"功成不必在我"的精神境界和"功成必定有我"的历史担当，找准黄河治理的精准路径，还黄河流域草绿水净，使黄河健康强壮。

关键词： 黄河流域生态保护；治理成效；短板不足；对策建议

习近平总书记在黄河流域生态保护和高质量发展座谈会上指出，"保护黄河是事关中华民族伟大复兴的千秋大计""黄河流域生态保护和高质量发展，同京津冀协同发展、长江经济带发展、粤港澳大湾区建设、长三角一体化发展一样，是重大国家战略"。把黄河流域生态保护和高质量发展确定为五大重大国家战略之一，充分体现了以习近平同志为核心的党中央高瞻远瞩，有历史担当和深厚真挚的人民情怀，是新时代黄河流域生态保护和高质量发展的根本遵循与行动指南。自古以来就有"天下黄河富宁夏，首富中卫"的美谈。这在一定程度上也说明了黄河给予中卫市莫大的滋养与偏爱，为中卫市经济社会的发展提供了巨大的资源保障。从这一角度看，中卫依母亲河而生、因母亲河而兴，保护母亲河义不容辞、治理母亲河责无旁贷。要以"功成不必在我"的精神境界和"功成必定有我"的历史担当，找准黄河治理的精准路径，还黄河流域草绿水净，使黄河健康强壮。

一、中卫市黄河流域生态保护与治理的基本做法

中卫市位于宁夏中西部，辖两县一区，黄河自西向东横穿中卫北部引黄灌区，自黑山峡进入中卫境内，中卫段过境流程 182 千米，其中流经沙坡头区 114 千米，流经中宁县 68 千米。全市境内共有重点入黄排水沟 4 条，分别是中卫第一、第四排水沟和中宁县南河子沟及北河子沟，直接入黄河的大型山洪沟道 19 条。

（一）健全体制机制，强化黄河流域环境综合治理

中卫市制定了《中卫市全面推行河长制会议制度》《中卫市全面推行河长制督导检查制度》等 8 项制度，编制了"一河一策"河长手册及重点河湖沟道综合治理方案。建立了三级河长机制，在市、县区、乡镇设立河长 278 名，其中市级河长 16 名、县区级河长 28 名、乡镇级河长 234 名。建立了河湖治理与巡查保洁工作长效机制，开设了河长制综合管理信息平台和"河长通""巡河通"手机 APP 系统，推进了河长制工作制度化、信息化运行，压实河长责任。强化黄河流域综合整治。一是投资 1 亿元实施第三排水沟上段及稍段治理工程、第三排水沟中段治理工程、城区 6.2 公里排灌分离工程等项目（第三排水沟入第一排水沟）。二是中宁县投资 3600 余万元对南河子新市街至中央大道段沟道、南河子湖水系等进行清淤和岸坡砌护。对南河子沿线穿越渠道的 4.5 公里集污管道进行更换和雨污分流改造，解决了污水长期渗漏进入沟渠造成水体污染问题。三是实施了清水河中卫段水环境整治，拆除沿线污染源 4 家，封堵排污口 9 处。在清水河中宁县段建设溢流透水坝 12 座，种植芦苇、

柽柳、菖蒲等水生植物 3.9 万平方米。四是先后建成中型水库 7 座、小
（一）型水库 22 座、小（二）型水库 21 座，对 42 座病险水库进行了除
险加固。建成骨干坝和淤地坝 72 座，小流域综合治理 6 条，生态修复 1
处。五是加快推进农村人居环境整治及"厕所革命"。

（二）严控污染指标，加大农业面源污染防治

全力抓好化肥农药零增长、畜禽养殖污染治理及粪污资源化利用、
残膜回收、农作物秸秆综合利用及秸秆禁烧等工作。一是坚持化肥、农
药使用零增长。2018 年，全市种植业大宗化肥使用量 37605 吨，较上年
下降 2.4%；全市农药使用量 440.23 吨，较上年下降 2%。2019 年，全市
取土化验 225 个，推进配方肥落地。二是加强农用残膜回收。对废旧农
膜进行定点收集堆放、定期及时拉运，确保废旧农膜及时全面回收，防
止二次污染。残膜回收率达到 85% 以上。三是加强农药废弃包装物回收。
建立了"以乡镇为责任主体、农业部门协调督导、农业生产主体广泛参
与、农药经营者回收、有运输仓储能力的农资公司归集、资质企业运输
处理、各方职责明确、共同推进"的农药废弃包装物回收运输处理机制。
四是禁止焚烧农作物秸秆，推行综合利用。加强对各县区重点区域农作
物秸秆禁烧的宣传、监管、巡查、通报等工作，2019 年引进易高环保投
资有限公司建设中卫市农作物秸秆规模化加工利用中心项目，可实现年
处理 30 万吨农林秸秆，有效解决了全市农林秸秆处理难问题。五是着力
农用地土壤污染防控。制订了《中卫市农用地土壤污染防控及安全利用
实施方案》，按照"土十条"要求将农用地划分为优先保护类、安全利用
类和严格管控类三类。六是强化畜禽养殖污染治理。全市 288 家规模养
殖场有 271 家配套建成粪污处理设施，畜禽规模养殖场粪污处理设施配
套率达 94.1%。

（三）完善基础设施，强化城镇固体废弃物处置

一是完善城镇固体废弃物处理设施建设。沙坡头区生活垃圾填埋场、

中宁县生活垃圾填埋场和海原县生活垃圾填埋场总库容 230 万立方米（沙坡头区 130 万立方米，中宁县 80 万立方米，海原县 20 万立方米），主要承担城乡生活垃圾的规范处置，做到进场垃圾日产日清，处置率为100%。二是严格医疗废物处置。建成中卫市医疗废物处置中心，设计日处置医疗废物 3 吨，实际日处置 1.4 吨，负责全市 172 家医疗机构医疗废物的集中收集和处置工作。收集处置整个过程严格按照《医疗废物管理条例》进行规范处置。

（四）整合湿地资源，促进水系连通与湿地保护

中卫市湿地总面积 35526.26 公顷，其中沙坡头区 12462.98 公顷，中宁县 14827.36 公顷，海原县 8235.92 公顷。湿地类型主要包括河流湿地、湖泊湿地、沼泽湿地、人工湿地。市政府紧紧围绕水系连通、湿地保护和生态建设，一是实施了中宁县河北水系连通工程和亲河湖、雁鸣湖水系连通工程。二是通过对滨河湿地加筑堤坝，营造护堤林，退耕还泽，疏通渠道，提高拦洪蓄洪能力。三是通过加强湿地管理、禁止毁湖垦耕、引导合理利用、修建补水渠道等措施保护湿地资源。四是结合沙漠湿地的保护与恢复，通过扎设草障、设置沙障、营造防风固沙林带、围栏封育、种草、修建水利工程设施等措施，巩固提高了湿地外围防沙林的防护效能。五是加强湿地公园建设。已建有国家级湿地公园 2 处（天湖国家湿地公园和香山湖国家湿地公园）、区级湿地公园 1 处（腾格里湖区级湿地公园）。六是开展湿地产权确权工作。加强资源保护，逐步为建立湿地产权清晰、激励约束并重、生态系统完整的生态文明体制奠定基础。七是开展湿地动态监测。启动湿地动态监测，尽可能掌握湿地资源动态信息，建立湿地资源数据库，为保护湿地提供真实有效的数据支撑。

（五）严防水土流失，提升水土保持和水源涵养能力

2019 年，自治区下达中卫市水土流失综合治理面积 159 平方公里（含水利），截至目前，全市共完成水土流失综合治理面积 156.88 平方公

里，完成了计划任务的 98.7%。一是 2019 年全市共批复了涉及风电、光伏、输变电线路等项目的水土保持方案共 17 个。二是 2019 年自治区水利厅共批复中卫市 14 座骨干坝除险加固项目，目前已完成 8 座干坝除险加固项目工程，使有限的水资源得到了就地拦蓄利用，提高了水资源的利用率，水土流失得到有效控制。三是完成了 2 个坡耕地水土流失综合治理项目。四是水源涵养林建设，沙坡头区城市集中水源地建成水源涵养林 3198 亩，其中经果林 2538 亩，枸杞 660 亩；中宁县康滩水源地共建成水源地涵养林 886 亩。编制了《南华山外围区域水源涵养林建设提升工程规划 (2018—2022 年)》，计划利用 5 年时间完成营造林 50 万亩。自 2018 年 1 月启动南华山外围区域水源涵养林建设提升工程以来，海原县共完成营造林任务 10 万亩。

二、中卫市黄河流域生态保护与治理的短板、不足

中卫市采取多措并举、多管齐下等方式，在推进黄河流域生态保护与治理方面取得了一定成效，但还存在一些短板和不足，具体表现如下。

(一) 人口剧增与污水收集处理系统滞后的矛盾凸显

近年来，随着生活的提高、城镇化步伐加快，原有的农村人口大量转移到城市，城市用水量加大，诸如清洗、洗漱、淋浴等生活污水量随之增大。而中卫市目前还没有形成健全完善的污水收集处理系统，特别是城市污水处理系统相对较为薄弱，一些城市仍存在污水渗漏污染风险。部分农村污水集中收集处理设施滞后。目前，中卫市已建成农村污水集中收集处理设施 33 座，在建 28 座，但还有相当数量的农村未建设集中污水收集处理设施，沟支渠沿线生活污水未经处理直排沟道严重影响河湖沟道水质。已建成的污水集中收集处理设施只能服务于镇区及周边部分农户居住集中的行政村，其他偏远的镇区、行政村还不能完全实现污水集中收集处理。

（二）农业面源污染问题治理在监管上存在很大的盲区

中卫市（沙坡头区、中宁县）一些乡镇、村庄存在本身就是依河水而建，村庄周围分布着大量的农田灌溉渠和退水渠（毛渠）排口，而这些渠道与重点排水沟及支沟沿线相连通，渠内环境卫生治理不及时，对排水沟水质也会带来一定的负面影响。由于长期的生活习惯和生态环境保护意识的淡化，一些沿渠住户将垃圾、污水、粪便随意倒入或排入渠中，致使一些灌溉渠成为垃圾渠、污水沟。这些污物在雨季和灌溉季期间便会冲入排水沟，最终对黄河的水质有一定的影响。排水沟沿线及支流沿线村庄均不同程度存在乱倒垃圾现象。全市畜禽养殖大多是以家庭分散式畜禽养殖为主，数量多且不集中。畜禽养殖粪污处理处置只停留在简单的堆粪场堆存还田模式，尚无形成科学、规范、高效的资源化利用方式。家禽家畜等养殖业产生的医疗废物未纳入收集处置范围，存在环境污染安全隐患。

（三）"四乱"问题专项整治还需进一步加大力度

自治区党委书记陈润儿指出："乱占、乱采、乱堆、乱建'四乱'问题依然存在，破坏河道岸线、影响生态环境、危及堤防安全。"近年来，中卫市坚持问题导向，开展"清河专项治理"、"携手清四乱、保护母亲河"等专项行动，对黄河支流和干流两岸进行整治，拆除行洪区内违章建筑，清理行洪区内采砂场，集中开展控源截污、重点沟道环境整治、入沟排污口等专项整治，深化畜禽渔养殖场污染专项治理，取缔直接入河湖沟排污口，拆除沟道沿线禁养区的畜禽养殖场，对沿线养殖场安装集污罐。加强对重点排水沟水质监督性监测，取得阶段性成效。但这些问题在一定范围内还存在，需高度重视、持续发力，切实把这一问题彻底解决。

（四）黄河流域生态保护与治理的宣传效果还不够显著

黄河流域生态保护与治理不仅仅是政府单方面的事，更需要民众的广泛参与，既需要行动的大转变，也需要思想认识上的大变革，特别需要广大人民群众在思想观念上充分认识到保护与治理黄河的重大意义。只有这样，广大人民群众才能由"被动的"保护转化为自觉的行动。中卫市通过广播、电视、报刊等媒体对黄河流域生态保护与治理进行了广泛的宣传报道，并取得了一定的积极效果。但从宣传的效果来看，依然有很大的提升空间，对黄河沿岸村民的宣传教育还不够深入和广泛，黄河沿岸村民对黄河流域的治理与生态保护认知程度依然比较低，保护黄河的自觉性、主动性依然不够高，这需要进一步加大宣传力度，让黄河流域的治理与生态保护更深入人心。

三、提升中卫市黄河流域生态保护与治理的对策建议

黄河是中华民族的母亲河，保护黄河是事关中华民族伟大复兴的千秋大计。"天下黄河富宁夏。"宁夏地处黄河上游，全境属于黄河流域，依黄河而生、因黄河而兴，保护黄河义不容辞，治理黄河责无旁贷。黄河流域生态保护与治理是一项系统工程，需要多措并举、多管齐下，具体来说有以下几点。

（一）压实责任，提升黄河流域生态保护与治理综合能力

一是进一步压实河长责任制。制定"五定"目标管理考核标准和巡查保洁机制，切实压实县区级及以下河长责任，防止工作出现"真空"地带，按照中卫市河长巡河制度，要按时巡河，及时发现问题并解决问题，通过跟踪督察、考核评估、通报奖惩等方式，防止河长责任出现层层递减现象的发生。二是进一步压实乡镇环境整治责任，不仅要加强对排水沟及支沟沟道的日常保洁工作，还要对农田上水渠和退水渠等纳水沟渠做好监管保洁工作，各地要结合秋季农田水利建设及农村环境卫生综合整治，对辖区沟、渠进行彻底清理整治。三是强化问责，提升责任意识。对一些在黄河流域生态保护与治理方面不能履职尽责的部门单位或个人要进行严格的问责，确保相关制度落实到位。

（二）强化监管，重点解决农业面源污染突出问题

一是配齐健全农村污水集中收集处理设施。加快对排水沟及其支沟沿线村庄配套建设污水集中收集处理设施，确保沿线全部村庄生活全部入管网并集中处理，同时加快在建项目建设进度，尽快减少生活污水直排入沟。二是抓好畜禽粪污处理和资源化利用。坚持源头防控、系统治理、政府支持、企业主体、市场化运作的方针，着力构建产业发展新机制，加强资金整合，现有规模化畜禽养殖场全部配套建设粪便污水储存、处理、利用等设施设备。加大畜禽散养养殖场粪污专项整治工作，实施畜禽粪污资源化利用整县推进项目，提高全市畜禽粪污无害化处理、资源化利用效率。三是加强家禽家畜养殖业医疗废物的监管工作，消除医疗废物污染及疾病防控安全隐患，切实做好中卫市生态环境保护和疾病防控工作。四是加快推进农村人居环境整治及"厕所革命"。认真贯彻落实中央及自治区关于农村人居环境整治三年行动实施方案，加快补齐农村人居环境和公共服务短板，以"五清一改一绿化"为主攻方向，全面推进农村人居环境整治及"厕所革命"。

（三）标本兼治，推进"四乱"问题治理取得实效

一是注重标本兼治。在推进"四乱"问题整治的过程中，既要查清问题建立问题清单，也要加大整治力度逐个销号，更要弄清各类"四乱"问题产生的根源，做到对号入座、对症下药。二是要防止反弹回潮。建立完善"四乱"问题跟踪制度、"回头看"制度等长效机制，既要做到及时整改，也要防止反弹回潮，达到巩固治理成果的目的。三是加强协同推动。要充分依托河长制平台，借力河长负责制，对整改难度大，涉及部门多的"四乱"问题，由河长总牵头，水务、环保、城管、拆违、公安等部门协同推动，形成合力，攻坚克难，集中歼灭一批存在时间长、影响大的"顽敌"，形成高压整治态势，促进整改工作顺利推进。四是强化监督管理。要充分利用无人机航拍、卫星遥感等技术手段及时发现

"四乱"苗头性问题，针对一些高发区域、高发类别、高发原因等方面的问题，通过数据分析比对提前做出预判并及时介入干预，把一些"四乱"问题消灭在萌芽中。

（四）加大保护，全面提升中卫市湿地生态系统服务功能

加强对非法占用或破坏湿地的整改力度。本着保护优先的原则，杜绝"先建设，后保护""先侵占，后恢复"的不当做法。加强湿地执法力度，对现有湿地实行普遍保护，大力开展湿地生态修复，建立湿地生态与环境用水保障体制，建设调水、补水的长效机制，确保湿地生态功能不退化，湿地面积不减少。

（五）加强管理，确保污水处理全面稳定达标

加强对已建成污水处理厂的监管，监督污水全过程规范化处理、达标排放。实施污水处理厂再生水综合利用工程，提高污水综合利用效率。中卫市水流域沿线有污水处理厂5个：中卫第一处理厂（第四排水沟）、中宁第一污水处理厂（北河子沟）、中宁第三污水处理厂（南河子沟）、海原污水处理厂（贺堡河）、沙坡头区第四污水处理厂（第六排水沟）。各县区要加大对水流域工业企业监管力度，严禁其擅自将应急闸门打开直排污水，雨季严格按照应急预案应急处置，应急排放污水结束后及时清理、收集沟道淤积的污水，未按规定应急排放污水或应急排放污水后不及时清理沟道的，环保部门将加大处罚力度。

（六）营造氛围，加大黄河流域生态保护与治理的宣传力度

黄河流域生态保护与治理需要广大人民群众的广泛参与，这就要进一步加大宣传力度，让保护黄河真正在群众头脑中扎根并把保护黄河转化为一种自觉行动，具体要做到以下几点。一是广泛宣传，提升保护意识。要通过广播电视、报刊、宣传展板、横幅、彩页等方式向市民群众特别是黄河沿岸的农户广泛宣传保护黄河的重大意义，让人民群众树立"保护黄河就是保护自己家园"的理念，提高全社会对保护黄河的重视程

度,强化保护意识。二是突出重点,层层深入推进。沿黄各乡镇要组织各行政村的党员干部,深入到农户家中进行宣传引导,切实改变农户思想认识和随意倾倒污物的不良习惯,从源头上减少污染。三是以案释理,教育引导群众。对一些黄河沿岸破坏、污染环境的典型案例,加大曝光力度,教育、引导、警示群众哪些事儿能做,哪些事儿不能做,让保护黄河理念深入人心,并把其转化为一种自觉行动。

参考文献

[1]习近平.在黄河流域生态保护和高质量发展座谈会上的讲话[J].求是,2019(20)

[2]陈润儿.精心呵护母亲河 建设美丽新宁夏[J].求是,2019(22)

[3]赵志强.积极推进黄河流域生态保护和建设[N].学习时报,2019-10-30

[4]深入贯彻习近平总书记重要讲话精神 推动黄河流域生态保护和高质量发展[N].河南日报,2019-11-05

[5]苗长虹,艾少伟,赵力文.黄河流域发展机遇前所未有[N].河南日报,2019-09-20

[6]乔地.高质量发展:黄河流域走向未来的必由之路[N].科技日报,2019-10-11

[7]推动黄河流域生态保护和高质量发展[N].人民日报,2019-09-21

[8]王夏晖.以高水平保护推动黄河流域高质量发展[N].中国科学报,2019-10-14

[9]向山.推进黄河流域下游生态文明建设[N].中国环境报,2019-10-21

[该文入选全区党校(行政学院〈校〉)系统黄河流域生态保护和高质量发展征文活动]

在黄河流域生态保护和高质量发展先行区建设实践中体现固原担当

王秀琴

摘要： 努力建设黄河流域生态保护和高质量发展先行区，是以习近平同志为核心的党中央从全国生态文明建设大局、黄河流域生态保护和高质量发展全局出发，赋予宁夏新的时代重任。固原市作为宁夏以及西北地区重要生态安全屏障、黄河支流的重要组成部分，应坚持以马克思主义生态观为指导，以生态优先绿色发展理念为引领，以一张蓝图绘到底的决心和奋斗精神为推动力，以完善的制度机制为保障，努力建设黄河流域生态保护和高质量发展先行区，并在建设实践中充分体现固原担当。

关键词： 黄河流域生态保护和高质量发展先行区；固原担当

2019 年 9 月 18 日，习近平总书记在黄河流域生态保护和高质量发展座谈会上，将黄河流域生态保护和高质量发展确定为重大国家战略。2020 年 6 月 8—10 日，习近平总书记视察宁夏时指出，"要把保障黄河长治久安作为重中之重，实施河道和滩区综合治理工程，统筹推进两岸堤防、河道控导、滩区治理，推进水资源节约集约利用，统筹推进生态保护修复和环境治理，努力建设黄河流域生态保护和高质量发展先行区"。将宁夏发展融入国家战略、联动全局全盘，对于正处在转型关键期、动能换挡期、爬坡追赶期的宁夏而言，无疑具有里程碑意义。为此，宁夏应从国家战略全局、全国生态体系、黄河流域协同治理三个维度，来看待宁夏自身的定位和发展。而固原作为黄河流域的重要组成部分，更应在建设黄河流域生态保护和高质量发展先行区这一重大历史使命中体现固原担当，贡献固原方案。

一、坚持以马克思主义生态观指导黄河流域生态保护和高质量发展先行区建设

马克思主义生态观主张环境治理既离不开"地方性行动"，同时也必须看到"地方性"生态问题根源于资本的"全球化"，必须把"全球性视角"和"地方性行动"有机地结合起来。因此，不从根本上改变资本的"全球权力"关系，"地方性行动"只能缓解当代生态危机，而不可能从根本上解决当代生态危机。黄河流域生态保护和高质量发展建设必须要遵循这一规律。本文的"全球性视角"特指黄河流经青海、四川、甘肃、宁夏、内蒙古、山西、陕西、河南、山东等 9 个省区，流域面积 79.5 万平方公里（含内流区面积 4.2 万平方公里），全长 5464 公里。"地方性"特指宁夏境内的黄河流域。要解决好黄河流域源头治理、系统治理、综合治理，必须处理好以下三个方面的关系。

首先，黄河流经省份与宁夏的关系。黄河流域构成我国重要的生态屏障，是我国重要的经济地带，保护黄河是事关中华民族伟大复兴的千秋大计。宁夏建设黄河流域生态保护和高质量发展先行区，应根据马克思主义生态观的"全球性视角"和"地方性行动"治理原理，首先应强化黄河流经九省源头治理、系统治理、综合治理。由于宁夏处于黄河中上游，宁夏"地方性行动"事关黄河流域生态保护和高质量发展。如果黄河流经的其他八省都和宁夏一样有生态保护和高质量发展的理念，都能切实贯彻落实马克思主义生态观的"全球性视角"和"地方性行动"

治理原理，从而达到"全球性视角"和"地方性行动"的有机结合，黄河流域就能实现生态保护和高质量发展。

其次，要突出黄河流域的综合治理。"九曲黄河万里沙。"黄河为害，害在泥沙。泥沙汇集黄河流域，水土流失严重，小流域综合治理，成为固原流域治理水土流失最重要的关键措施之一。根据 1980 年 4 月水利部在山西省吉县召开的十三省区水土保持小流域治理座谈会精神，全面推广"以小流域为单元，进行全面规划，综合治理"的经验，固原也掀起了水土保持治理的热潮。固原地区不断探索，创出了小流域治理"山顶生态林戴帽，山腰优质牧草系带，山脚机修梯田穿裙，地埂林镶边子，山底骨干坝穿靴子"的布局、山水林田路草综合治理的模式。固原小流域综合治理主要有 5 种模式：（1）"三三制"农业经营模式：农、林、牧各占三分之一。（2）"1335"家庭单元模式：户均 1 眼井窖，人均 3 亩基本农田，户均 3 头大家畜，人均 5 亩经济林。（3）立体生态治理模式：山顶林草戴帽子，山腰梯田系带子，沟头库坝穿靴子。以小流域为单元，"88542""16542""16543"的栽植模式为主体，实行山水林田路草统一规划，梁峁沟坡综合治理，工程、生物、耕作措施相配套，乔灌草种植相结合，抓点带面，整体推进。（4）生态经济型治理模式："上保、中培、下开发"。（5）保持水土筑坝拦水的模式。即"坝护坝、坝拦坝，坝渠相连"。打造出了阳洼小流域综合治理示范区、百里绿色长廊古城三万亩防护林基地、大沟湾流域综合治理示范区、麻喇湾流域生态提升工程示范区等一批小流域综合治理的样板标本式工程。形成以"全球性视角"和"地方性行动"两个维度展开、有机结合，为黄河流域综合治理提供了样板。

再次，要处理好人与自然的关系。习近平生态文明思想的核心内涵之一是人与自然和谐共生。固原地区曾被联合国粮农组织确认为"人类不适宜生存的地区"。既然如此，如何解决人类与自然的和谐共生就是如何处理好"全球性视角"和"地方性行动"的关系。人类与自然和谐共生不是矛盾对立的关系，而是辩证统一的关系。要坚持在发展中保护、在保护中发展，实现经济社会发展与人口等相协调，使绿水青山产生巨大生态效益、经济效益、社会效益。固原按照这一思路，通过三北防护林工程建设、天然林保护工程建设、退耕还林（草）、封山禁牧、生态移民、400毫米降水线造林绿化等重大生态工程建设，实施科学探索、林草建设、山水林田路草综合治理、流域治理和水源涵养林建设、"四个一工程"等措施，多措并举，使固原由人类不适宜生存的地区逐步向避暑胜地过渡，初步实现山绿民富，逐步让老百姓看得见山、望得见水、记得住乡愁，构建出山水美、业态美、城乡美、环境美、生活美"五美融合"的发展新格局，逐步达到"全球性视角"和"地方性行动"有机结合，实现"黄河宁，天下平"的局面。

二、坚持以生态优先绿色发展理念引领黄河流域生态保护和高质量发展先行区建设

理念是行动的先导。2016年7月，习近平总书记视察宁夏时强调，"要建设天蓝、地绿、水美的美丽宁夏。"2018年，习近平总书记为自治区成立60周年题写"建设美丽新宁夏 共圆伟大中国梦"贺匾。2020年6月，习近平总书记视察宁夏时指出，"努力建设黄河流域生态保护和高质量发展先行区"。固原市作为欠发达地区，是西北地区重要生态安全屏障、黄河二级支流泾河发源地，在推动黄河流域生态保护和高质量发展先行区建设实践中，必须牢固树立绿水青山就是金山银山的理念，认真践行总书记"探索以生态优先、绿色发展为导向的高质量发展新路子"的要求，大力实施生态立市战略，在厚植生态优势中实现绿色崛起，推动高质量发展。

首先，要加大宣传力度。生态优先绿色发展理念，从小做起，从身边做起，从生活中的点点滴滴做起。一是推动生态优先绿色发展理念逐步形成。推广春秋两季种树，让中学生参与其中。二是从推广生活垃圾分类做起。三是让种树成为一种时尚。如有纪念意义的活动，可以通过种树作为纪念。四是通过线上线下种树。通过虚拟碳汇交易，让年轻人融入其中，确立人与自然和谐相处的理念，树立人和自然和谐共生的生态文明意识，避免"公地悲剧"的发生。通过各种活动、形式，逐步推动形成生态优先绿色发展的理念。

其次，休闲生活与生态优先绿色发展理念融合发展。习近平总书记在贺兰县稻渔空间乡村生态观光园指出："宁夏的农业要向休闲农业、观光农业、生态农业的新业态方向发展。"发展休闲农业、观光农业、生态农业的新业态，就是要充分发挥黄河流域生态农业的多功能性。一是将休闲农业与"寓教于农"相结合。中国是一个农业大国，中华文明来自 5000 多年的农耕文明，为使中华民族文明流传下去，让休闲农业和"寓教于农"相结合，变成具有教育、游憩、文化等多种功能的生活空间，成为一个"寓教于农"的"生态教育农业园"。二是将休闲农业与绿色文化、红色文化、黄河文化相融合。宁夏是红色革命圣地，红色文化丰富，让人们在享受休闲生活的同时，借助红色文化，让绿色文化深入人心。用红色资源教育党员干部传承红色基因，让后代在休闲中体验红色文化。如彭阳县孟塬乡草滩村虎俊隆，是宁夏师范学院退休的教师，利用当地资源，一方面发展当地的特色产品——红梅杏，在荒山种植红梅杏近 50 亩，为生态增绿。另一方面结合当地的红色历史，开设了一个红色展厅，建成为革命党性教育基地，其中也融合黄河流域的优秀传统文化。

三、坚持以一张蓝图绘到底的决心和奋斗精神推动黄河流域生态保护和高质量发展先行区建设

黄河流域生态环境保护是一项长期而系统的工程，必须树立功成不必在我、功成必定有我的信念；党员干部必须发扬"不到长城非好汉"

的革命精神，勇于担当、主动作为。

首先，要坚持一张蓝图绘到底、一任接着一任干的决心和毅力。60多年的实践中，固原市委、政府越来越清晰地认识到，固原贫困的"根"在于生态环境脆弱、人口承载能力有限。为此，在解决贫困的同时，坚持生态和脱贫共同推进。2007年第三次固原工作会议确立了"生态立市"战略；2017年自治区第十二次党代会确立了固原"生态优先、富民为本、绿色发展"的定位。在党中央、国务院和自治区党委、政府的大力支持下，固原先后实施了三北防护林、天然林保护、封山禁牧、小流域综合治理、退耕还林、400毫米降水线造林绿化等重大生态建设工程。团结带领广大干部群众坚持不懈开展生态建设，保护自然，修复生态，生存生活环境逐步发生了翻天覆地的变化，生态效益、经济效益和社会效益显著。2017年，在深化市情认识、认真调研论证的基础上，固原实施"四个一"林草产业试验示范工程，着力选准适宜固原市的"一棵树、一枝花、一棵草、一株苗"，按照"一屏一带一线三区五城"的总体布局，对条件成熟的试验成果，分类布局到绿化造林、城市园林、美丽乡村、全域旅游、庭院经济等领域，把大生态与大扶贫、大旅游统筹结合起来，实现了百姓富与生态美的有机统一。2019年，固原300万亩旱作梯田，被誉为"中国最美旱作梯田"。目前，固原市林草覆盖度达到73%，森林覆盖率由20世纪80年代初的1.4%提高到28.4%，年均降水量由10年前的200毫米左右增加到约450毫米，良好的生态环境已成为固原最亮丽的名片。因此，要坚持一张蓝图绘到底，一任接着一任干，勇于担当、主动作为，为建设黄河流域生态保护和高质量发展先行区贡献力量。

其次，要继续发扬"三苦精神"。固原十年九旱，十山九秃，就有了"春天栽、秋天拔、冬天倒了烧罐罐茶，年年造林不见林"的真实写照。当时改变生存环境的唯一途径就是植树，当时植树都是义务植树，义务植树是各级机关干部的必修课，形成以干部为先锋、以农民为主体、全民共同参与的生态建设合力。在各级干部中推行"领导在一线指挥、干部在一线工作、情况在一线掌握、感情在一线融合、措施在一线落实、作风在一线转变、问题在一线解决"的"七个一线工作法"。以宅基为单位，家家户户在房前屋后、路畔地埂零星植树，发展到以村为单位、小规模会战，到跨乡镇若干村数万人联合的"大兵团"作战，再到人人植树、处处造林，形成了全民动员、绿化家园。每年春秋两季，领导、干部都自带干粮，每季最多要劳动两个月，最少要劳动14天。各县县委书记、县长都是一视同仁。固原市干部在植树过程中必备的物件铁锹、布鞋、遮阳帽，被当地人称为干部的"三件宝"。在不断改善和保护生态环境的实践中，形成"七个一线工作法""三苦精神"一直延续至今，成为激励和鼓舞后代人的一种精神财富。因此，学习贯彻习近平总书记视察宁夏的重要讲话，党员干部总结固原生态建设的经验、做法，继续创新，在黄河流域生态保护和高质量发展中贡献固原方案，同时要站在全局谋发展，切实担负起改善生态环境生命线的政治责任，扛起黄河流域生态保护的使命。

四、坚持以完善的生态补偿机制保障黄河流域生态保护和高质量发展先行区建设

生态补偿机制是以保护生态环境、促进人与自然和谐为目的，根据生态系统服务价值、生态保护成本、发展机会成本，综合运用行政和市场手段，调整生态环境保护和建设相关各方之间利益关系的一种制度安排。全国14个集中连片特困地区有5个涉及黄河流域，且黄河流域有诸多承载生态功能的区域，这些区域与贫困人口分布高度重叠。习近平生态文明思想的核心内涵之一是人与自然和谐共生。人与自然的关系随着经济社会的发展不断改变，随着人类社会生产力的不断发展，人类开发利用自然的能力不断提高。在人与自然和谐相处的条件下，人类就会从自然界索取资源与空间，享受生态系统提供的服务功能。良好生态环境是最普惠的民生福祉，生态惠民、生态利民、生态为民，重点解决损害群众健康的突出环境问题，不断满足人民日益增长的优美生态环境需要。黄河流域生态保护和高质量发展，既有利于解决流域百姓的防洪安全、饮水安全和生态安全等问题，也有利于贫困人口通过参与生态保护、生态修复工程建设和发展生态产业，形成合理的生态补偿机制。

首先，要形成黄河上下游地区间共建共享机制。黄河流域生态环境问题情况复杂，沿黄九个省区的生态建设、经济发展等水平不同，在开发、利用、保护和改善的过程中形成不同的利益关系，为调动各方积极性，在生态功能区财政支付的情况下，宁夏与上下游相关的地区协商形成系统性、整体性、全覆盖、统一的流域生态补偿，形成上下游地区间共建共享机制。其次，要制定合理的价值评估机制。在社会和个人生态建设方面，要制定合理的价值评估机制，让宁夏生态服务体现价值，对社会和个人造林，在不改变产权、林权属性的同时，政府可以进行价值评估，开展购买服务，按照生态产品的价值每年进行购买，变政府一次性投入为长远支出，这样既能减少植树造林投入压力，也提升了群众参与生态建设的积极性。三要建立市场化、多元化生态补偿机制。要大力培育生态新业态，提升优质生态产品的供给能力，形成产业的绿色标识、绿色采购、绿色金融、绿色利益分享机制，引导社会投资者对黄河流域生态保护者的补偿。彭阳生态补偿有一套成熟的机制，可以总结、创新、提炼。在庭院绿化方面率先探索，通过生态价值评估、补贴购买生态产品等方式，让群众有看得见、摸得着的实惠，充分调动群众积极性，把群众动员起来发展经果林、风景林，形成属于固原的田园风光。兼顾生态效益和经济效益，打造固原的生态经济新高地，实现生态美、百姓富。

人不负青山，青山定不负人。固原在黄河流域生态保护和高质量发展先行区建设中，要以"不到长城非好汉"的革命精神，勇于担当新使命，展现新作为，坚持生态优先、绿色发展，守好改善生态环境的生命线，实现经济繁荣、民族团结、环境优美、人民富裕的美丽新宁夏。

参考文献

[1]蒋文龄.黄河流域生态保护和高质量发展的战略意蕴[N].经济日报，2020-05-11

[2]王丛霞.黄河流域生态治理要树立"一盘棋"思想[N].宁夏日报，2020-3-24

[3]王雨辰.生态学马克思主义与生态文明研究[M].北京：人民出版社，2017

[4]周荣.科学认识人与自然的关系促进人与自然的和谐发展[J].理论探索，2005（01）

[5]陈新宇.论习近平生态文明思想的生成逻辑、实践创新和价值意蕴[J].南京航空航天大学学报（社会科学版），2019（03）

[该文入选全区党校（行政学院〈校〉）系统学习宣传贯彻习近平总书记视察宁夏重要讲话精神理论研讨会]

宁夏发展黄河文化的对策研究

周泽超

摘要：黄河文化是中华文明的重要组成部分，是中华民族的根和魂。宁夏黄河文化是中华民族黄河文化的重要组成部分，是中华文明的重要节点。"天下黄河富宁夏"不但体现了黄河对宁夏的眷顾，也体现了宁夏黄河文化的特点和内容。通过不断完善物质文化和非物质文化遗产传播推广体系，不断加强传统村落的保护利用，尽快制定黄河文化保护、传承、弘扬规划，形成目标引领，打造宁夏黄河文化旅游带，推动黄河文化建设，不断凝聚人心，加快黄河文化旅游产业布局，实现宁夏高质量发展。

关键词：黄河文化；宁夏；旅游产业；高质量发展

黄河是中华民族的母亲河，是中华民族自强不息、迎难而上、敢于斗争的象征。习近平总书记 2019 年 9 月 18 日在河南省主持召开黄河流域生态保护和高质量发展座谈会时指出："黄河文化是中华文明的重要组成部分，是中华民族的根和魂。要推进黄河文化遗产的系统保护……要深入挖掘黄河文化蕴含的时代价值，讲好黄河故事，延续历史文脉，坚定文化自信，为实现中华民族伟大复兴的中国梦凝聚精神力量。"宁夏黄河文化是中华民族黄河文化的重要组成部分，是中华文明的重要节点。

"天下黄河富宁夏"不但体现了黄河对宁夏的眷顾，也体现了宁夏黄河文化的特点和内容。

一、宁夏黄河文化的形成与内涵

（一）形成

宁夏黄河文化是在千百年来黄河的冲击、改道、人工凿渠引水基础上，由宁夏各族人民自强不息、勤劳奋进、因势利导，与黄河共生、共进、共发展而形成的。历史上，黄河在青藏高原发端，从涓涓细流汇聚成汹涌波涛的黄河水，一路向东奔向大海，流经 9 个省区。由于贺兰山的阻挡，加之河水的冲刷，黄河进入宁夏后，水面宽阔，水流平缓，静谧安详，流程 397 公里。沿黄两岸地势平坦。宁夏是全国唯一黄河流经全境的省区（固原市的清水河是黄河支流）。早在 2000 多年前，宁夏的先民们就凿渠引水，灌溉农田，现在依然发挥灌溉作用的秦渠、汉渠、唐渠，形成了大面积的自流灌溉区，是宁夏各族人民与黄河和谐共生的杰作。魏晋南北朝时期，由于各民族之间相互交融交流频繁，逐步形成了宁夏黄河文化开放、包容、和谐的特点。西夏偏居一隅，以及成吉思汗西征形成的中外各民族交融，进一步丰富了宁夏黄河文化的内在品质。据《宋史·夏国传》记载："其地饶五谷，尤宜稻麦……兴灵则有古渠曰唐徕曰汉源，皆支引黄河，故灌溉之利，岁无旱涝之虞。"[1]明《弘治宁夏新志·序》亦称："宁夏地方千里……左黄河右贺兰，山川形胜，鱼盐水利，大大有之，人生其间，豪杰挺出，后先相望者济济之地，塞北一小江南也。"[2]清巡抚杨应琚在《浚渠条款》中也写道："宁夏一郡，古之朔方，其地乃不毛之区，缘有黄河环绕于东南，可资其利，昔人相其形势，开渠引流，以灌田亩，遂能变斥卤为沃壤，而民以饶裕，此其所以有塞北江南之称也。"[3]这说明宁夏在元明时期已经形成了物产丰饶、旱涝无虞的景象，"塞北江南""黄河文化"正是在自然与人文双重作用下形成的。新中国成立 70 多年来，随着对宁夏大规模的开发和建设，从全国各地涌入宁夏的建设者们，秉承着开放、包容、交融的黄河文化精神，将贫穷落后的宁夏川，建设成为了塞上江南的米粮川。

（二）内涵

1. 宁夏黄河文化是包容的文化

宁夏黄河文化是一种包容性极强的文化系统，是以黄河为巨大向心力形成的多元文化。宁夏平原是农耕文明和游牧文明的交会地区，历史上，黄河两岸的各个民族无论以何种方式进入宁夏平原，都会自觉地改变自身原有的生产方式，形成以种植业为主、牧业为辅、亦农亦牧的新型生产方式。新的生产方式的形成，也造就了带有宁夏鲜明地域特色的黄河文化，即不断适应黄河冲积平原的自然环境，逐步改变原有的生产方式和认知系统，主动接纳其他民族的现实存在。这种主动包容的文化品格，就构成了宁夏黄河文化的核心要素。从秦至今的几千年当中，宁夏这片"塞北江南"容纳了南来北往数不清的迁移人口，最终都形成相互包容、相互交融、共同发展的格局，体现出宁夏黄河文化的包容品格。

2. 宁夏黄河文化是开放的文化

宁夏黄河文化还体现在开放的品格。秦始皇统一六国后，令蒙恬在宁夏平原筑垣设郡，揭开了屯垦戍边的序幕。从此，宁夏及周边地区成为了历代封建王朝防御北方游牧民族南下，迁移大量人口屯垦戍边之地。蒙恬"以河为塞"筑长城，沿黄河而上，在临河的44县派兵戍守。其中宁夏设置了富平县（今吴忠附近）和神泉（今灵武县附近）、浑怀障（陶乐县）及南部的朐衍（盐池县）、乌氏国（固原地区）等县，为宁夏首开屯垦之先河。[4]北魏统一北方后，宁夏境内出现了大量的鲜卑、汉、敕勒、羌等各族共同居住，构成了宁夏发展史上围绕屯垦开荒形成的"敞开胸怀、广泛接纳"的开放型文化特性。唐朝时期，屯垦在宁夏有了进一步发展，除了军屯以外，还有民屯。这就为更多的人口和民族进入宁夏提供制度上的保障。贞观二十年（646年）唐太宗亲临灵州（今宁夏灵武市）接见各部族首领，并设7个羁縻州、府，这就是历史上著名的"灵州会盟"。明以后，制定军队屯垦制度，在全国设立了九边重镇，在宁夏设五卫七所，辖八十六屯。至嘉靖末年（1566年）都御史张镐奏称"宁夏新开荒地近千顷"，共有土地36000顷，比元代的"溉田万余亩"增加了两倍多。经过明代200多年的屯垦开发，宁夏已经成为名副其实的"塞上江南"[5]。可以说，正是因为开放的品格，各个民族才能进入宁夏的广袤山川，沿黄河水而居，因水草丰美而流连忘返，共同建设了塞上江南，构成了宁夏黄河文化开放的品格。

3. 宁夏黄河文化是和谐的文化

宁夏黄河文化所体现的包容性、开放性，最根本的是和谐性。历史上，在宁夏境内虽然也发生过无数的争斗和数不清的战争，也有过西夏偏居一隅，但在浩浩荡荡因黄河而形成的黄河文化面前，都是"白驹过隙""历史一瞬"。新中国成立以后，特别是1958年宁夏回族自治区成立，在中国共产党的领导下，在文化建设方面，围绕黄河文化，宁夏各族儿女共同创造了"安定和谐、团结奋进"的发展环境，是中国民族团结的典范，正在"建设美丽新宁夏 共圆伟大中国梦"。

二、宁夏黄河文化资源概况

目前，宁夏黄河文化资源分为物质性文化资源和非物质性文化资源两大类。物质性文化资源是指"能够看得见摸得着"，具有历史年轮的文化资源。《中华人民共和国文物保护法》规定，物质文化资源包括：具有历史、艺术、科学价值的古文化遗址、古墓葬、古建筑、石窟寺和石刻、壁画；与重大历史事件、革命运动或者著名人物有关的以及具有重要纪念意义、教育意义或者史料价值的近代现代重要史迹、实物、代表性建筑；历史上各时代珍贵的艺术品、工艺美术品；历史上各时代重要的文献资料以及具有历史、艺术、科学价值的手稿和图书资料等；反映历史上各时代、各民族社会制度、社会生产、社会生活的代表性实物。非物质文化资源较为复杂。根据《中华人民共和国非物质文化遗产法》规定："各族人民世代相传并视为其文化遗产组成部分的各种传统文化表现形式，以及与传统文化表现形式相关的实物和场所。包括：传统口头文学以及作为其载体的语言；传统美术、书法、音乐、舞蹈、戏剧、曲艺和杂技；传统技艺、医药和历法；传统礼仪、节庆等民俗；传统体育和游艺；其他非物质文化遗产。"

（一）宁夏黄河文化物质文化遗产

总体上来说，宁夏黄河文化现有的物质文化遗产遍布在黄河两岸，主要有史前文化、丝路古道、石窟艺术、长城遗址、黄河古灌区遗产等。（见表1）根据《宁夏旅游资源普查报告》，宁夏共有八大主类资源28个亚类资源120个基本类型资源，资源单体总量为1850个。其中，地文景观类资源174个单体，水域风光类资源104个单体，生物景观类资源72个单体，气候景观类资源10个单体，遗址遗迹类资源262个单体，建筑设施类资源804单体，旅游商品类资源233个单体，人文活动类资源191个单体。

（二）宁夏黄河文化非物质文化遗产

黄河宁夏段非物质文化（遗产）是与宁夏黄河文化物质资源（遗产）共生共荣的文化类别，目前，宁夏具有国家级非物质文化遗产18项、自治区级46项，基本体现了宁夏黄河文化的特性。（见表2）

这些物质文化资源和非物质文化资源都是黄河母亲留给宁夏的丰富遗产，构成了宁夏黄河文化的丰富内容，是黄河文化的华美乐章。此外，围绕黄河，宁夏在旅游、风景名胜、公园遗址等方面形成了众多文化遗产（见表3），构成了丰富多彩的黄河文化。

三、宁夏黄河文化遗产保护成效显著

宁夏回族自治区成立60多年来，围绕黄河进行了立体式、多维度、

表 1　宁夏黄河文化物质文化遗产

世界灌溉工程遗产 1 处：宁夏引黄古灌区

世界文化遗产名录 2 处：西夏陵景区、贺兰山岩画景区

中国世界文化遗产预备名单 2 处：西夏陵、丝绸之路宁夏固原段

中国国家自然与文化双遗产名录 1 处：西夏陵景区

全国重点文物保护单位 37 处：银川市海宝塔、拜寺口双塔、水洞沟遗址、西夏陵、贺兰山岩画、灵武窑址、承天寺塔、宏佛塔、银川玉皇阁、纳家户清真寺，石嘴山市省嵬城址、田州塔、平罗玉皇阁，吴忠市同心清真大寺、一百零八塔、鸽子山遗址、张家场城址、董府、兴武营城址、窨子梁唐墓、康济寺塔，固原市须弥山石窟、开城遗址、秦长城遗址、将台堡革命旧址、页河子遗址、固原古城遗址、大营城址、北朝隋唐墓地、姚河塬遗址，中卫市菜园遗址、照壁山铜矿遗址、七营北嘴城址、柳州城址、鸣沙洲塔、中卫高庙、大麦地岩画

国家考古遗址公园 1 处：西夏陵国家考古遗址公园

国家 150 处大遗址 5 处：长城大遗址、丝绸之路大遗址、西夏陵遗址、水洞沟遗址、开城遗址

国家 5A 级旅游景区 4 处：沙坡头景区、水洞沟景区、沙湖生态旅游区、镇北堡西部影视城

国际湿地城市 1 处：银川市

国家级湿地公园 13 处：银川国家湿地公园、吴忠黄河国家湿地公园、黄沙古渡、清水河、星海湖、青铜峡鸟岛、天河湾、香山湖、天湖、鹤泉湖、太阳山、简泉湖、镇朔湖

国家级自然保护区 9 处：贺兰山、六盘山、沙坡头、罗山、灵武白芨滩、哈巴湖、云雾山、火石寨、南华山

国家历史文化名城 1 处：银川市

中国历史文化名镇名村 1 处：中卫市香山乡南长滩村

表 2　宁夏黄河文化非物质文化遗产

国家级非物质文化遗产 18 项：马氏口弦、贺兰砚制技艺、回族汤瓶八诊疗法、张氏回医正骨疗法、宁夏小曲、回族民间器乐、花儿、回族服饰、北武当寿佛寺寺庙音乐、砖雕、陈氏回族医技十法、二毛皮制作技艺、杨氏泥塑、回族民间故事、抬阁、秦腔、剪纸、莲花山青苗水会，其中花儿与青海、甘肃的花儿共同列入联合国教科文组织人类非遗代表性项目名录

自治区级非物质文化遗产 146 项（略）

表 3　风景名胜、公园遗址等文化遗产

国家级水利风景区 7 处:青铜峡唐徕闸风景区、沙坡头、银川市典农河、星海湖、鸭子荡、沙湖、腾格里湿地
国家级风景名胜区 2 处:西夏陵、须弥山石窟
黄河扬水工程:固海扬水工程、盐环定扬水工程

广泛性的保护,无论是物质文化遗产还是非物质文化遗产都取得了明显的保护成效,形成了以黄河文化为主线,区域文化、民俗文化比翼齐飞的发展格局。

(一) 在黄河文化的保护方面做到有法可依

根据《中华人民共和国文物保护法》的规定和要求,1989 年 10 月 27 日,宁夏回族自治区第六届人民代表大会常务委员会第九次会议通过了《宁夏回族自治区文物保护条例》,对宁夏全境的各级各类物质文化遗产依法保护,做到有法可依。根据《中华人民共和国非物质文化遗产法》《国务院办公厅关于加强我国非物质文化遗产保护工作的意见》要求,2006 年 7 月 21 日,宁夏回族自治区第九届人民代表大会常务委员会第二十三次会议通过了《宁夏回族自治区非物质文化遗产保护条例》,使宁夏非物质遗产保护驶上快车道。

(二) 在黄河文化的传承方面做到了广泛传播

2017 年 10 月 10 日,在墨西哥召开的国际灌溉排水委员会执行大会上,宁夏引黄古灌区被正式列入世界灌溉工程遗产名录并授牌,成功将以秦渠、汉渠、汉延渠、唐徕渠为代表的黄河古灌区申报为世界灌溉工程遗产,这也是黄河干流上的首个世界灌溉工程遗产。国际灌排委员会称赞它为世界灌排工程的典范,代表着中国古代水利工程技术的卓越成就。宁夏引黄古灌区成功列入世界灌溉工程遗产名录,填补了宁夏申遗空白,向世界亮出了"塞上江南"的亮丽名片。有利于助推文化兴宁,

增强中华文化的自信心、自豪感和凝聚力，使宁夏各族人民有了共同的文化之魂；对于加快宁夏特色产业、全域旅游发展，提升宁夏国际知名度和影响力，具有重大意义。

（三）在黄河文化的弘扬方面，通过创新载体，做到了有效继承和传播

运用传统媒体和新媒体，集中展示了宁夏黄河文化的魅力。充分发挥自治区博物馆、水洞沟博物馆等青少年旅学研基地作用，采用讲解互动、电视节目、微视频等形式，讲好与黄河有关的历史文化故事，拓展中小学与文物博物馆单位结合渠道，提升中小学生中华优秀传统文化教育水平。截至 2019 年底，宁夏各级各类文艺团体以黄河文化为主线，创排了 10 余部优秀剧目，先后获得国家级优秀文艺作品奖项 83 项，《花儿声声》《王贵和李香香》荣获中宣部"五个一工程奖"，先后有 7 人获中国戏剧"梅花奖"。

四、宁夏黄河文化发展中存在的问题

（一）黄河文化挖掘不够

黄河文化是宁夏各族人民共同创造的物质和精神财富，是共同认知的精神家园。历史上，宁夏黄河文化涌现了无数感人故事，这些故事遍布在各个角落，口口相传在民间。例如，蒙恬戍边、汉武帝与汉渠、刁雍与宁夏水利、郭子仪与唐渠、郭守敬与宁夏水利、通智与惠农渠等等；新中国建立以后特别是宁夏回族自治区成立后的 60 多年间，宁夏在黄河中上游修建兼有灌溉和发电功能的青铜峡水电站、黄河湿地保护与利用、银川七十二连湖等等，这些感人故事都是黄河文化的璀璨明珠。但从现有文献和研究来看，其中的感人故事较少出现在影视和书籍当中，青少年更是难得接触到宁夏黄河文化的专题性故事。

（二）黄河文化专业人才严重不足

一是专业性人才不足。由于就业、市场效益等原因，目前专门研究文化的人才越来越少，现有的文化人才大多已经老龄化，难以对黄河文

化的保护、传承、弘扬开展深入研究。二是历史文化与旅游融合度不够。没有把悠久的历史、自然与人文、非物质文化遗产与多种资源有机融合，并转化为推动区域经济发展的优势。三是领军型人才不够。总体来说，宁夏黄河文化专业人才总量不足、素质偏低、结构性矛盾突出，复合型、高素质、创新型和领军型人才严重短缺。现有引进的高层次人才对宁夏黄河文化还有一个熟悉的过程，在较短的时间内还不能对宁夏黄河文化的研究起到领军带领的作用。

（三）对黄河文化的整体把握不够

由于受资金、人才、认知等多种因素叠加影响，长期以来对宁夏黄河文化的建设缺乏整体性的规划引领，没有从大格局、大战略的角度认识黄河文化的重要作用。一些地方的文化管理部门习惯于抓小放大，注重细枝末节，缺乏从整体上把握黄河文化的内涵。甚至人为地将黄河文化切割成若干个文化属性，肢解了黄河文化的整体性和一体性，不利于宁夏黄河文化的传播和弘扬。

（四）运用现代科技表现黄河文化不够

不能善于运用大数据、互联网、动漫等多种现代科技手段表现宁夏黄河文化的内涵，缺乏使用情景再现、虚拟成像、视听娱乐、演绎观赏、动漫技术等方式讲述宁夏黄河故事。表现手法单一，习惯于用传统方法表现人们耳熟能详的文化资源，缺乏创新性。

五、宁夏发展黄河文化的对策

紧密围绕党的十九大二中、三中、四中全会和习近平总书记关于加强黄河流域生态保护和高质量发展的重要讲话、中央财经委员会第六次会议上的讲话等指示精神，特别是 2020 年 6 月习近平总书记视察宁夏时强调的"宁夏要有大局观念和责任担当，更加珍惜黄河，精心呵护黄河，努力建设黄河流域生态保护和高质量发展先行区，守好改善生态环境生命线"指示要求，以深入学习和贯彻习近平新时代中国特色社会主义思想推进黄河流域生态保护和高质量发展为目标，深入挖掘宁夏黄河文化内涵，传播宁夏声音，展示宁夏形象，讲好宁夏故事，推动黄河文化建设实现新突破，取得新成就，为"建设美丽新宁夏　共圆伟大中国梦"提供思想保证、精神动力和文化条件。

（一）深入挖掘黄河文化价值

深入开展对宁夏黄河历史文化遗产的研究，系统梳理宁夏黄河文化发展脉络、历史遗产遗存、文化特征特色，构建黄河文化标识体系，通过建设黄河国家文化公园等形式，不断提升黄河文化蕴含的时代价值，注重采用社会主义核心价值观阐释当代黄河文化的精神内涵，形成宁夏黄河文化系统性、展示性的核心内容。

（二）不断完善黄河物质文化和非物质文化遗产传播推广体系

大力推动物质文化和非物质文化遗产数字化建设，建立统一的宁夏物质文化和非物质文化遗产数据库，实现互联互通、资源共享，形成高质量的"物质文化和非物质文化遗产云"。大力实施物质文化和非物质文化遗产全媒体传播计划，发挥政府和市场作用，用好传统媒体和新兴媒体，开展精品文物、精品展览数字产品制作与推广，向群众提供优质、便捷的数字化公共文化鉴赏服务。将物质文化和非物质文化遗产保护利用常识纳入中小学教育体系和干部教育体系当中，成为大众性、常识性的区域文化普及读物。充分发挥宁夏在全国有影响力的作家群优势，以文学的方式讲好物质文化和非物质文化遗产的动人故事。

（三）尽快制定黄河文化保护、传承、弘扬规划

一是按照习近平总书记先后在河南省召开的黄河流域生态保护和高质量发展座谈会上的讲话[7]、中央财经委员会第六次会议进一步强调"抓好黄河流域生态保护和高质量发展，大力推动成渝地区双城经济圈建设"[8]的要求，尽快启动编制《宁夏黄河文化保护、传承、弘扬规划》，明确发展目标，形成发展内容，提出重点任务，为发展黄河文化提供目

标指引。二是尽快设立专项扶持资金，形成支撑力量。建议自治区政府尽快设立黄河流域生态保护和高质量发展专项资金，用于生态保护、经济发展、文化建设等方面内容，形成物质支撑。三是尽快建立宁夏黄河文化研究机构，广泛吸纳人才。立足"文化旅游+"产业融合的新理念，深化对黄河文化的研究，形成具有可操作性的对策建议。不断创新文化旅游人才引进使用机制，强化文化旅游人才激励保障。大力发展黄河文化和旅游职业教育，鼓励政府、企业和高校共建黄河文化和旅游人才培养联动机制，形成多层次、共建型、人人参与的黄河文化发展的社会环境。

（四）打造功能完善、特色鲜明的黄河文化旅游带

尽快建立自治区党委和政府牵头的五市黄河文化保护、传承、弘扬联动机制，按照习近平总书记在 2020 年 1 月 3 日召开的中央财经委员会第六次会议上提出的"打造具有国际影响力的黄河文化旅游带，开展黄河文化宣传，大力弘扬黄河文化"的要求，明确整体与局部、全局与区域的思路，将现有宁夏全域黄河旅游的景区景点整合起来，形成合力，加强统筹协调，以故事为珠、以文化为线，将宁夏黄河段打造成为功能完善、特色鲜明的黄河文化旅游带。

参考文献

[1]《宋史·夏国传》

[2]《弘治宁夏新志·序》

[3]《清史稿·杨应琚传》三二七卷

[4]周伟洲.西北少数民族地区经济开发史[M].北京：中国社会科学出版社，2008：16

[5]杨建新.中国西北少数民族史[M].北京：民族出版社，2012：156

[6]宁夏文化旅游厅 2019 年年终总结报告（内部资料）

[7]习近平.在黄河流域生态保护和高质量发展座谈会上的讲话[J].求是，2019（20）

[8]习近平.抓好黄河流域生态保护和高质量发展，大力推动成渝地区双城经济圈建设[EB/OL].[2020-01-30]（2020-1-3）.新华网

［该文入选全区党校（行政学院〈校〉）系统黄河流域生态保护和高质量发展征文活动］

黄河流域生态保护和高质量发展先行区建设中的黄河文化传承研究

徐如明

摘要： 黄河宁夏段长达 397 公里，形成了丰富而悠久的黄河文化。建设黄河流域生态保护和高质量发展先行区离不开黄河文化的保护、传承和弘扬。近年来，宁夏在黄河文化保护方面取得了一些进展，但是还存在遗产保护压力大、保护利用难度大、经费短缺、文化旅游融合不足等问题，亟须采取挖掘黄河文化内涵、加强顶层设计、实施遗产保护、推进文旅融合等措施保护传承黄河文化。

关键词： 黄河流域；黄河文化；宁夏；文旅融合

习近平总书记在宁夏视察时强调："要统筹推进生态保护修复和环境治理，努力建设黄河流域生态保护和高质量发展先行区。"自古以来，黄河水滋养着宁夏这片美丽富饶的土地，今天仍在造福宁夏各族人民。黄河宁夏段长达 397 公里，形成了丰富而悠久的黄河文化。建设黄河流域生态保护和高质量发展先行区离不开黄河文化的保护、传承与弘扬。

一、问题提出

黄河文化是中华文明的重要组成部分，是中华民族的根和魂。杨国龙认为黄河文化是黄河文化当代价值的源头活水，推进黄河文化遗产保护、讲好"黄河故事"、传播好黄河文化好声音、加强黄河文化教育普及是实现黄河文化当代价值的实现路径。[1]江凌认为黄河文化是坚定中华民族文化自信的重要基石，中原文化是黄河文化的基本支撑和集中体现。[2]牛建强把黄河文化的发展历程分为萌芽期、形成期、鼎盛期、衰落期、新生期等5个阶段。[3]种效博认为黄河入海文化是中华民族的精神凝聚和情感归宿，要以跨区域合作推进黄河入海文化旅游开发。[4]

由以上综述可知，学界对黄河文化的研究尚处于起步阶段。学界对黄河文化系统研究的成果较少，对黄河流域各省份如何做好黄河文化的保护、传承的研究更少。本文试图对宁夏在建设黄河流域生态保护和高质量发展先行区中，如何做好黄河文化保护传承进行探索性研究。

二、黄河文化保护传承情况

（一）政策法规不断完善

银川市人民政府、吴忠市人民政府先后出台了《贺兰山岩画保护条例》《西夏陵保护条例》《吴忠市红色文化遗址保护条例》《银川市历史文化名城保护条例》。宁夏回族自治区人民政府正在制定《黄河古灌区世界灌溉工程遗产保护条例》《宁夏回族自治区长城保护条例》。宁夏先后编制了黄河文化遗产中水洞沟遗址、鸽子山遗址、一百零八塔、鸣沙洲塔、董府等全国重点文物保护单位的保护规划和南长滩、北长滩、石佛寺村等传统村落与历史文化名村名镇的保护利用规划，印发了《关于进一步加强全区文物安全工作的实施意见》和《宁夏回族自治区实施革命文物保护利用工程（2018—2022年）方案》，拟订《宁夏回族自治区关于文物保护利用改革的实施方案》。

（二）做好保护顶层设计，科学制定规划

宁夏全面完成了全区第三次全国文物普查、长城资源调查、第一次全国可移动文物普查、长征史迹革命文物调查，开展对全区非物质文化遗产实施资源调查，摸清家底。加快全国重点文物保护单位和部分自治区级文物保护单位保护规划编制工作，开展长城部分重点段落详细规划的编制，完成了《宁夏长城保护总体规划》等31处全国重点文物保护单位规划编制工作。编制并实施了《宁夏文物博物馆事业发展"十三五"规划》。

宁夏实施了明长城银川五虎墩段、石嘴山红果子段、中卫姚滩段及战国秦长城原州区长城梁段等古长城重点段落的抢险加固保护工程及海宝塔、青铜峡黄河铁桥、固原古城加固修缮，以及纳家户清真寺保护修缮、贺兰山岩画防洪抢险加固等工程。积极推进重点文物保护单位"三防"建设，实施了承天寺塔、宏佛塔、鸣沙州塔、田州塔防雷工程，银川玉皇阁安防工程，平罗玉皇阁消防和安防工程，中卫高庙防雷和安防工程。指导实施了吴忠董府保护性设施建设项目，先后6次对水洞沟遗址进行考古发掘。

（三）深入挖掘黄河文化内涵

宁夏精选编纂了《黄河风辞》，把古往今来有关涉及黄河文化的诗词歌赋，特别是把反映宁夏的诗词歌赋作为重点，予以搜集、集中、挖掘、整理和补注。召开黄河文化论坛会议，邀请国内研究黄河文化的知名专家学者畅所欲言，各展宏论，结集出版了《黄河文化研究》，在黄河文化研究史上留下浓墨重彩的一页。先后出版《中国民间歌曲集成·宁夏卷》《中国民间乐器集成·宁夏卷》《中国民间曲艺音乐集成·宁夏卷》《中国戏曲志·宁夏卷》《中国民族民间舞蹈集成·宁夏卷》《中国戏曲音乐集成·宁夏卷》《中国曲艺志·宁夏卷》《六盘山传统文艺资源的保护与开发》。先后创排《花儿声声》等精品剧目44部，打磨提升"花儿"等优秀剧目10余部，5人获中国戏剧"梅花奖"。

（四）提升非遗保护传承水平

开展了《宁夏非物质文化遗产研究》等多项课题研究，出版了《宁夏非物质文化遗产项目名录》《宁夏非物质文化遗产项目代表性传承人名录》《宁夏非物质文化遗产研究》《宁夏鼓吹乐考察研究》《回族宴席曲荟萃》《宁夏回族口弦》《国际剪纸精品集》等著作。推进非遗保护利用设施建设、濒危项目抢救性保护记录、传统工艺振兴计划等重点项目。举办非遗传承人、旅游商品研发人员等培训班，促进非遗保护创新发展。办好"文化和自然遗产日"主题宣传展示活动，加大宣传展示力度。通过非遗进校园、民间艺人进课堂、编写校本课教材等方式，推动非遗传承。

（五）培育文化旅游融合发展

2016 年 7 月，习近平总书记在视察宁夏时指出："发展全域旅游，路子是对的，要坚持走下去"。宁夏全面落实总书记的重要讲话精神，围绕全域旅游示范区创建，坚持把旅游业融入经济社会发展全局，按照"全景、全业、全时、全民"四全模式，坚持改革创新，强化统筹推进，统一规划布局，创新体制机制，优化公共服务，推进融合发展，提升服务品质，实施整体营销，全域旅游示范区创建取得了积极进展，银川市西夏区、中卫市沙坡头区 2 家入列首批国家全域旅游示范区。

（六）推动文旅融合发展

依托黄河文化遗产提升全域旅游发展质量。依托水洞沟遗址、黄河沿岸资源打造出水洞沟旅游区、港中旅（宁夏）沙坡头旅游区两家 5A 级景区。依托横城堡、一百零八塔、青铜峡拦河大坝、青铜峡黄河铁桥等文化遗产以及黄河楼、大禹文化园、黄河坛、宁夏水利博物馆等现代人文景观打造出了黄沙古渡原生态旅游区、青铜峡黄河大峡谷·黄河坛旅游区、黄河横城旅游度假区、银川黄河军事文化博览园、青铜峡黄河楼景区等 4A 级景区及青铜峡黄河生态园、大河之舞·黄河宫景区、黄河外滩旅游景区等 3A 级景区；黄河沿岸滨河大道人文景观，滨河大道一线从中卫出发，顺黄河北上至惠农，在 500 公里的滨河大道沿线，可见河湖呼应、草木对吟、绿不断线、景不断链。

三、宁夏黄河文化遗产保护传承存在问题

宁夏对黄河文化遗产保护传承做了大量的工作，但也面临着黄河文化内涵研究有待于进一步深入、遗产保护压力巨大、传承利用质量不高等突出问题和困难。

(一) 遗产保护压力巨大

黄河文化在宁夏各市县区均有分布，保护范围广，部分文化遗产自然破坏诸如自然风化、雨水剥蚀、山洪冲刷、风沙淤漫等问题目前显得尤为严重，特别是革命旧址主要分布在彭阳、同心、盐池、西吉等县境内，建筑大多是黄土高原上的原始窑洞，且分布在交通不便的深山与大沟内，绝大部分已坍塌，亟须进一步加固维护。非遗传承人大多年龄偏高，开展传承活动精力有限，而传统制作技艺难度高、强度大、耗时多、收入少，很少有人愿意学，不少传承人面临无弟子或弟子太少的现实困境。

(二) 历史文化遗存保护利用难度大

宁夏历史文化遗存基础薄弱，历史和文化的基因片段随着时间推移越来越少，仅存的小部分历史建筑面临成为危房的困境，修复改造迫在眉睫。历史建筑的保护、监管、改造修缮审批等主体权责方面的规定尚不完善，历史建筑多为私有产权或企业所有，且各部门对历史建筑的保护、监管、改造修缮审批职责不够明晰，导致对其保护监管具有一定难度，需要制定相应的历史建筑保护与利用方面的制度法规，进一步规范并加强对历史建筑的管理。

(三) 重要历史文化保护管理经费短缺

宁夏只有一小部分重要历史文化列入历史文化名城名镇名村，根据《历史文化名城名镇名村保护条例》规定："国家对历史文化名城、名镇、名村的保护给予必要的资金支持。历史文化名城、名镇、名村所在地的县级以上地方人民政府，根据本地实际情况安排保护资金，列入本

级财政预算。"但没有明确中央和地方经费分摊比例，没有明确各地专项经费占地方财政收入的比例，没有财政投入逐年增加的明确规定。宁夏各级财政力量薄弱，历史文化名城、名村保护管理经费短缺，历史建筑内的原住居民没有能力对建筑进行及时修补与维护，保护工作开展存在一定困难。专项经费不够明确、到位，再加上地方财政能力有限，导致历史文化保护长期存在着资金匮乏的问题。

（四）文化与旅游产业融合不足，全域旅游产业链尚未形成

黄河流域旅游资源开发力度不够，基础设施存在短板，缺乏有特色的道路标识、服务点、自驾营地与购物中心，旅游新业态、旅游休闲度假等发展滞后，门票经济主导，游客参与体验性内容缺失，吃、住、行、游、购、娱等旅游要素还不够完善，全域旅游产业链尚未形成。

四、黄河文化保护传承弘扬路径对策及建议

把黄河流域生态保护和高质量发展确定为重大国家战略，充分体现了以习近平同志为核心的党中央对中华民族伟大复兴的战略考量、对子孙后代赓续发展的历史担当、对保障国家生态安全的深思熟虑，为新时代黄河流域生态保护、文化传承和高质量发展提供了根本遵循。我们要进一步推进黄河文化遗产的系统保护，深入挖掘黄河文化蕴含的时代价值，讲好"黄河故事"，延续历史文脉，坚定文化自信，为实现中华民族伟大复兴的中国梦凝聚精神力量。

（一）进一步深入挖掘黄河文化内涵

加强黄河文化科研工作。探索建立黄河文化研究院，充分发挥和整合自治区考古研究所、民族艺术研究所等研究机构的作用，调动社会各界特别是高校对黄河文化内涵挖掘研究，形成较为完备的黄河文化研究机制和研究格局，形成黄河文化传承与发展的有效平台。探索建设黄河文化保护传承弘扬基地，成为黄河文化发展的缩影，成为展示黄河文化的重要窗口，成为黄河文化研究基地、爱国主义教育基地、炎黄子孙寻

根问祖基地，成为人们认识黄河、感受黄河、亲近黄河、体验黄河的基地，让世界了解黄河、让黄河走向世界的基地。探索建立黄河文化传承发展促进会。建议在黄河九省区联合成立黄河文化传承发展促进会，形成联合研究开发机制，抢救保护黄河文化遗产，发展繁荣黄河文化。

（二）大力加强黄河文化遗产保护顶层设计

一是全面贯彻落实中办、国办《关于加强文物保护利用改革的若干意见》和《关于实施革命文物保护利用工程（2018—2022 年）的意见》两个意见，认真研究制定落实举措，积极推动自治区《关于加强文物保护利用改革的实施方案》印发，为黄河文化保护传承弘扬奠定基础。

二是强化黄河文化遗产保护意识，编制宁夏黄河文化遗产保护规划，对黄河沿线文化遗产进行统一规划、统筹利用。加大黄河沿线各级各类文物保护单位保护力度，推动《长城保护条例》出台，完善《长城保护规划》等沿黄重点文物保护单位保护规划，严控保护范围和建设控制地带内基本建设工程，确保文物本体安全和历史风貌完整。

三是按照国家《长城、大运河、长征国家文化公园建设方案》要求，梳理宁夏长城沿线和长征线路相关文物资源，深挖文化内涵，融合现实需求，为开展长城、长征国家文化公园规划建设提供基础数据支撑。

（三）持续实施黄河文化遗产保护项目

加强长城重点段落的保护修缮；加强黄河古灌区世界灌溉工程遗产保护，推动黄河古灌渠保护利用展示项目实施；实施自治区博物馆民俗展览提升、固原博物改扩建工程，以及自治区博物馆、固原博物馆、西夏博物馆、贺兰山岩画数字化保护项目；加大对濒危非遗项目的保护力度。

（四）创新推动黄河文化产业项目建设以及新型业态发展

一是依托黄河流域深厚的历史文化资源和独特的自然资源禀赋，以"推动黄河文化保护传承弘扬"为主题，以文化与旅游深度融合为抓手，开展文化旅游融合产品和服务系列化开发、精品化建设，加快推进黄河流域文化旅游业高质量发展。

二是以黄河岸线为轴心，以黄河银川—吴忠段为核心，深度挖掘、优化整合黄河沿线塞上江南博物馆、黄沙古渡、黄河军事博览园、黄河横城、黄河水车博览园、黄河古灌区世界遗产、水利博物馆、大禹文化园、黄河大峡谷、黄河坛、黄河楼、沙坡头、南长滩等黄河历史文化和黄河湿地、沙漠等生态资源，建设黄河文化公园。创新黄河文化展示载体和文化创意产品业态，建设提升黄河文化教育传承、黄河生态文明研学、黄河民俗风情体验、黄河田园观光休闲、黄河漂流探险、沙漠休闲运动、体育运动旅游等文化旅游融合产品，将其打造成为国家爱国主义教育示范基地、国家文化产业示范基地和"美丽新宁夏建设"示范区，唱响"天下黄河富宁夏"品牌。

三是黄河支流清水河流域及六盘山地区，以长征文化为主线，深度挖掘六盘山地区红色文化旅游资源，开发建设以爱国主义教育、革命文化传承等为主题，以将台堡红色旅游小镇、六盘山红军长征景区（干部教育培训学院）、预旺红色旅游小镇等为重点，以研学旅游、乡村旅游、生态康养旅游等产品为补充的红色生态文化旅游区，打造"不忘初心，牢记使命，走好新的长征路"实践教育示范区和国家长征文化公园核心区。

四是以黄河与长城交会处——小龙头、横城堡为起点，加快完善黄河以东长城遗迹沿线兴庆区、灵武市、盐池县文化和旅游基础设施及公共服务设施，依托长城历史文化资源和长城沿线生态资源、特色产业，以历史探秘、文化体验、教育研学、生态休闲、户外运动、低空飞行、康养度假等为重点，创新文化旅游业态和产品，建设文化和旅游及相关产业融合发展创新区，打响"中国长城博物馆"品牌，打造国家长城文化公园核心区。

（五）推进文旅业转型升级

紧密结合银川都市圈建设和国家全域旅游示范区创建，全力推进文化、生态、旅游融合发展，做好增量，做活存量，以点带面、点面结合，提质增效，打造西部独具特色的旅游目的地。

一是丰富黄河文化旅游产品体系。突出黄河文化特色，挖掘黄河文化资源，丰富产品业态，积极培育网络消费、定制消费、体验消费、智能消费、时尚消费等消费新热点，加快开发休闲旅游、体验旅游、康养旅游，推动黄河流域 5A 级旅游景区创建，打造黄河农耕文化园、大漠黄河旅游圈、黄河·宿集等综合文化旅游综合体，构建更为完善的产品体系，增强吸引力和核心竞争力。

二是着力打造黄河文化旅游带。以提升滨河景观道配套旅游服务功能为重点，重点推动银川至吴忠黄河岸线服务驿站、观景平台、自行车道等设施规划建设，开发黄河观光旅游、文化体验、生态旅游、水上休闲运动等旅游系列产品，实现路路通景、处处皆景。充分发挥沙坡头、沙湖旅游区的龙头作用，进一步提高水洞沟等老景区的辐射带动能力，培育华夏河图等一批新景区，加快青铜峡黄河大峡谷、黄河坛、黄沙古渡等景区提档升级，支持石嘴山星海湖国家文化产业试验园区建设，带动旅游产品结构由观光游向休闲度假、文化体验等复合业态并重转变。

三是全力推动"+旅游"行动。加快推进黄河旅游文化旅游产业融合发展，按照把"+旅游"做成创造价值、放大价值的"+"，做成拉动需求、推动创新的"+"思路，推动旅游+文化体育，将黄河文化贯穿于旅游业发展全过程，依托非物质文化遗产、文物遗址，发展文化体验旅游，打造一批文化演艺剧目。加快推动农业+旅游、生态+旅游、新生活方式+旅游、城乡建设+旅游、现代商贸+旅游等，推进发展生态文化旅游、葡萄酒旅游、休闲度假旅游、民俗游、中医药健康旅游等，充分发挥文化旅游业的拉动力、融合力和催化、集成作用，拓展全域旅游发展新空间。

四是打造特色文化旅游新产品。围绕银川都市圈建设，串起黄河岸边文化旅游资源，培育文化、红色、民宿、冰雪、避暑、康养、自驾车等旅游新业态。重点打造酒庄游、星空游、长城游、户外探险及沙漠游五大精品文化旅游线路产品，依托滨河大道，重点抓好黄河金岸拉巴湖、兵沟、沙坡头自驾车房车营地；凤凰花溪谷、贺兰稻渔空间、叶盛镇地三村田园综合体等新业态旅游发展，推动形成高端旅游、大众旅游于一体的多层次旅游产品。

（六）讲好"黄河故事"

一是将沿黄重点国有博物馆、重要革命文物旧址建设成为爱国主义教育示范基地，打造宣传黄河文化、弘扬黄河精神的窗口。各级博物馆以突出展现黄河文化在宁夏区域范围内具体表现出的文化形态为核心，围绕中华核心思想理念、传统美德、人文精神以及国家和自治区重大历史、民族精神等主题，整合黄河沿线博物馆资源，策划一系列彰显社会主义核心价值观、具有鲜明教育作用的主题展览，让更多的社会观众了解其价值和意义，坚定文化自信，为实现中华民族伟大复兴的中国梦凝聚精神力量。

二是开展丰富多彩的黄河文化活动。举办黄河文化论坛、黄河文化周和各种各样的黄河文化节庆活动。拍摄以黄河为题材的专题片、影视剧，举办黄河九省区文化交流活动，开展寻根祭河、经典场景再现、黄河民俗表演、文化艺术体验、民俗物产展销、大型水景影视、黄河美食博览、黄河民歌民乐演唱等活动。建立黄河文化奖励基金，形成黄河文化传承发展机制，激励各种黄河文化活动的开展，激励社会各界为传承发展黄河文化贡献力量，为中华民族伟大复兴贡献力量。

三是精准定位，拓宽宣传渠道。按照细分市场特点创新营销模式，聚焦重点客源市场、重点人群，通过多种平台和传播方式，加强形象宣传、旅游目的地推广。加强同携程、同程、京东、途牛等国内外大型旅游线上应用平台的联系对接，策划包装旅游线路，宣传推介旅游产品，拉动线上旅游消费。更加重视新媒体的宣传，广泛利用微博、微信、微电影等，策划形式多样的微营销活动，全新策划宁夏旅游对外 IP 形象、宁夏旅游 VI 设计。瞄准目标市场、目标人群进行精准营销，加强与周边省份和长三角、珠三角、京津冀、湘鄂豫、成渝圈等地区的合作；继续深耕台湾客源市场，大力开拓东南亚客源市场，积极拓展中东和欧美市场，宣传黄河精神，不断扩大黄河精神的影响力，强化中华民族的共同记忆。

参考文献

[1]杨国龙.黄河文化的时代价值及其实现路径[J].中共济南市委党校学报，2020（01）

[2]江凌.推动黄河文化在新时代发扬光大[N].学习时报，2020-01-03

[3]牛建强.源远流长：黄河文化概说[N].黄河报，2017-07-11

[4]种效博.黄河入海文化旅游开发的东营实践与跨区合作[J].中国石油大学学报，2019（04）

［该文入选全区党校（行政学院〈校〉）系统学习宣传贯彻习近平总书记视察宁夏重要讲话精神理论研讨会］

宁夏保护传承弘扬黄河文化遗产的思考

任艾青

摘要： 天下黄河富宁夏。亘古不息的黄河，在繁衍炎黄子孙、孕育中华文明的同时，生活在这里的各族人民，以辛勤劳动和卓越才能，创造了内涵丰厚的黄河文化。宁夏是黄河流经全域的唯一省区，受惠于黄河及其支流的滋养，遗存了南磁湾恐龙化石群遗址、水洞沟遗址、鸽子山遗址等远古文化遗产，形成了灿烂辉煌的黄河古灌区文化和农耕文化、相互融合的宗教形态、风格多样的古老建筑等丰富的黄河文化遗产，应当进一步做好黄河文化遗产保护传承与弘扬，深入挖掘黄河文化，讲好"黄河故事"。

关键词： 黄河；黄河文化；宁夏；黄河故事

天下黄河富宁夏。黄河是中华民族的摇篮，是中华儿女的母亲河，孕育了举世无双的中华文明，在中华民族形成和发展史上具有举足轻重的地位，黄河流域作为我国政治、经济、文化中心有几千年的历史。亘古不息的黄河，在繁衍炎黄子孙、孕育中华文明的同时，生活在这里的各族人民，以辛勤劳动和卓越才能，创造了内涵丰厚的黄河文化。黄河文化历史悠久，积淀深厚；黄河文化广纳百川，兼容并包；黄河文化生生不息，与时俱进。作为中华民族母体文化、本源文化，黄河文化早已融入了中华民族的血脉，成为连接所有中华儿女的精神纽带。本文就宁夏如何做好黄河文化遗产保护传承与弘扬、深入挖掘黄河文化、讲好"黄河故事"提出对策建议。

一、宁夏黄河文化的渊源

黄河文化，简单地讲，就是黄河流域这一地理空间与人文空间所形成的生活方式、社会制度、风俗习惯及宗教信仰、审美情怀等内涵的综合，是中国传统文化的重要组成部分。宁夏黄河文化，是一个包括政治、经济、艺术、哲学、史学、宗教、语言文学、民间信仰、道德规范和社会生活的时空交织的多层次、多维度的文化共同体。

宁夏是黄河流经全域的唯一省区，黄河自青海、甘肃东流，进入宁夏，主干流程 397 公里，流经中卫、中宁、青铜峡、吴忠、灵武、永宁、银川、贺兰、平罗、石嘴山 10 市县。宁夏 6.64 万平方公里的国土面积全属黄河流域。黄河，孕育滋养了宁夏"塞上江南"的富庶，造就了"天下黄河富宁夏"的传奇佳话。

宁夏人类活动始于距今 4 万年左右的旧石器时代晚期，黄河岸边的水洞沟遗址便是见证。新石器时代早期，宁夏黄河岸边就适宜人类活动，在距今约一万年的鸽子山遗址中发现了农作物种植的遗迹。历史上的各个朝代，宁夏掀起过一浪高过一浪的开发热潮。秦开发屯垦"新秦中"，西汉设立专司垦殖的典农都尉管理屯垦，在宁夏设置上典农城（今永宁县境内）、南典农城（今青铜峡市境内）、北典农城（今银川市境内）管理耕作，兴建水利，修成了光禄渠、汉渠等古渠，构建了宁夏平原早期渠系。十六国时期，赫连勃勃建立大夏政权，在宁夏设薄骨律城、饮汗城，大量屯田，发展经济，薄骨律城被称作"果园城"，饮汗城被称作"丽子园"。北魏薄骨律镇已经建成著名的"刁公城"，开辟了黄河漕运。北周攻灭南陈，迁徙 3 万余人和其他江北及淮南的居民到灵州。因"江左之人尚礼好学"，使原本"杂羌戎"之俗的灵州风尚大变，使宁夏平原获得了"塞北江南"的美誉。唐代整修、扩建了汉代旧渠,又新开挖了唐徕渠、七星渠、特进渠等,灌溉农业快速发展。西夏政权建立后,重视水利事业的发展,新开了昊王渠。元代,中央政府派张文谦、郭守敬等人到宁夏,修唐徕、汉延及夏州、灵州、应理州、鸣沙州正渠10余道,溉田1万余顷。郭守敬在修复废坏旧渠的同时,创造性地发明了木制闸堰设施,类似现在的闸坝或溢流堰,控制进渠水量,使宁夏平原的渠系水利工程技术有了新发展,也增加了灌区面积,粮储为之充实。到清代,宁夏平原是农田水利建设的重要地区,宁夏境内有引黄灌溉渠道23条,构成了近代宁夏平原的水利网络,留下了丰厚的水利遗产,形成了名副其实的地面"水利博物馆"。这些与黄河密切相关的人类活动,为宁夏黄河文化提供了丰富多样的内涵。

二、宁夏黄河文化

(一)黄河孕育的中华优秀传统文化的载体——宁夏历史文化遗存

宁夏回族自治区地处中华文明发祥地黄河上游地区、黄土高原的西北边缘,是北方草原与黄土高原、游牧文化与农耕文化的过渡地带,这一独特的地理位置,正当东西南北经济文化交流的通道和要冲,自古以来,就是华夏诸民族生息、繁衍、聚集、交融、开发技术和传播文明的要地,形成了区域文化多样性和兼容性的特点,留下了数量众多、弥足珍贵的历史文化遗产。现有不可移动文物3818处、各级文物保护单位506处,其中全国重点文物保护单位37处,自治区文物保护单位135处,市、县级文物保护单位344处。其中水洞沟遗址、贺兰山岩画、宁夏古长城、西夏遗存等享誉国内外。

水洞沟遗址。位于银川市灵武市临河镇水洞沟村,距银川市19公里,北与内蒙古鄂前旗相接,占地面积7.8平方公里。该遗址1923年由法国学者桑志华和德日进开始发掘,至今共进行过6次发掘,是我国最早发现的旧石器时代文化遗址,距今4万年左右。被誉为"中国史前考古的发祥地""中西方文化交流的历史见证",系全国重点文物保护单位、国家 5A 级旅游景区、国家地质公园。我国文物保护的 150 处大遗址之一,是黄河哺育宁夏的文化曙光。

贺兰山岩画。贺兰山岩画是历史上游牧民族与贺兰山这一特殊地理环境不断发生交互关系中形成的一种文化景观。岩画由北到南分布在贺兰山东麓,全长 250 余公里,北起石嘴山市南至中卫市胜金关 20 多个沟口中,岩画总数 4.5 万余幅,包括射猎、放牧、战争、动物、人物、类人首、符号和彩绘岩画等,是我国古代北方西戎、匈奴、鲜卑、突厥等民族遗留下来的艺术作品。从多方面、多层次反映了古代人类在不同历史时期的经济生活、社会生活和宗教信仰,是研究我国古代北方民族迁徙史、文化史、宗教史、原始艺术史等方面珍贵的形象资料。其中最具有代表性的是贺兰口岩画和中卫大麦地岩画,为全国重点文物保护单位。贺兰口建有一座岩画专题博物馆。

宁夏古长城。宁夏素有"中国长城博物馆"的美誉,境内现存长城遗迹遍布 5 市 19 个县市区。遗存有战国秦长城,隋长城,宋壕堑,明代西长城、旧北长城、北长城、陶乐长堤、头道边、二道边、固原内边等,可见墙体 1038 公里,辅助设施 1225 个,有主墙体、敌台、烽燧、墩台、辅舍、关隘、品字形窖、壕堑、挡马塞等。时间历经战国、秦汉、隋、宋、明等历史时期。建筑形式多样,因地制宜,采用黄土夯筑、砂石混筑、石块垒砌、劈山就险、自然山险、深沟高垒等多种形式。古代长城遗迹是宁夏境内体系最健全、规模最宏大的线性文化遗产,宁夏长城资源占全国长城资源的 4.17%。

西夏遗存。以银川西夏陵为代表的西夏遗存,是西夏文明的载体。西夏文明体现了 11—13 世纪在以贺兰山为地理中心、于黄河河套及河西走廊一带,以党项为主的民族群体,在游牧与农耕文化接触地带以及多民族并存的特定环境下,文化上汲取融汇,传承创新,创造出主体上从属于华夏文化，同时又具有鲜明自身特色的古老文明。不仅受到公元7—13世纪唐—宋等中华文明发展的明显影响，也受到辽、金、吐蕃、回鹘等周边民族和政权各种文化不同程度的影响，展现出多民族兼容并存而又不失创造力的文化特性，在东亚文明史上具有不可替代的地位。

（二）黄河滋生的世界灌溉工程遗产——宁夏引黄古灌区

2017年10月10日，宁夏引黄古灌区被国际灌溉排水委员会列入世界灌溉工程遗产名录。引黄古灌区地处黄河上游宁夏平原，始于秦汉屯垦，一直延续到清代，兴建了大清渠和惠农渠，与原有的唐徕渠、汉延渠合称四大渠。清代宁夏引黄灌溉渠道有23条，灌地21000千顷，构成了近代宁夏平原的水利网络。现存秦渠、汉渠、唐徕渠、汉延渠、惠农渠、大清渠、泰民渠、东干渠、西干渠、美利渠、羚羊角渠、羚羊寿渠、七星渠、跃进渠14条古渠，总长度1292公里，水利遗产丰厚，被称为地面上的"水利博物馆"。

千百年来，宁夏平原享黄河之利，沐黄河之慧，无决口泛滥之患，有引水灌溉之利，"沃野千里，谷稼殷积"，田园似锦，稻香鱼肥，沿黄两岸湖泊相通、沙水相接、林渠相连、湿地成片，俗称"黄河百害唯富一套""天下黄河富宁夏"。秦汉之际，宁夏平原"畜牧为天下饶""富名遐迩天下"，隋唐时，已经成为"擅河渠之利，丰稻秋，足鱼盐"的鱼米之乡。唐代诗人韦蟾"贺兰山下果园成，塞北江南旧有名"的诗句脍炙人口，更使宁夏广为流传。神奇宁夏是它富集了黄河文化的诸多精髓，所以，有学者称"天下黄河富宁夏，黄河文化汇宁夏"。宁夏位于黄河上游，地势平坦，黄河缓缓流淌，犹如母亲一般温柔哺育着宁夏。因为有了黄河，自秦以来，开始发展畜牧业，进而发展农业，有了让其富庶一方的引黄古灌区；对黄河古渠的利用，让宁夏的气候发生变化，植被覆盖增加，生态环境越来越好，由塞北荒漠变为塞上江南，银川也成为最适宜人类居住的城市。宁夏黄河文化的表征是历史与现实相统一的具有丰富内涵和地方特色的文化，是关中农耕文化和塞外草原文化、中原文化和西域文化的纽带，是一种温和包容的文化。

"水利兴，则国兴"，水利是一个国家的命脉所在。农业的发展，离不开水源，黄河让宁夏有了"沃野千里，谷稼殷积"的农耕基础。自秦代以来，修筑了秦渠、汉渠、汉延渠、唐徕渠、昊王渠、惠农渠等沟渠，已经成为宁夏农耕文化历史的标志性符号。

（三）黄河岸边多彩的民间文化——非物质文化遗产

宁夏回族自治区既有漠北边塞的雄奇，又不乏江南水乡的灵秀。悠久的历史、多样的地貌、丰富的自然资源、独特的民俗，构成了宁夏多姿多彩的非物质文化遗产，现有非物质文化遗产 2968 项，其中有 1 项联合国教科文组织人类非物质文化遗产名录，即花儿，国家级非遗代表性项目名录有 18 项，如花儿、泥塑、砚台制作技艺、宁夏小曲、秦腔、剪纸、砖雕、二毛皮制作技艺、莲花山青苗水会等。还有羊皮筏子，是黄河文化中不得不提的一部分。历史的漫长岁月中，黄河上游虽有大小型木船运行，但因峡谷较多，礁石密布，水流湍急，羊皮筏子逐渐以其轻便、吃水浅成为黄河水道交通的主角。除了摆运渡河商旅和两岸百姓外，还用于商贸贩运。

宁夏的民族民间艺术主要包括戏剧、音乐、舞蹈、美术、书法、民间文艺、曲艺杂技等多个方面，具有浓郁的地方特色。宁夏的戏剧活动从明清时期开始，主要为秦腔的流入与兴起，到清代初期，秦腔在宁夏占据了主要的戏剧舞台，现流传的隆德曲子、固原曲子、盐池曲子、盐池道情、中卫道情、银川道情、眉户等具有地方化的小戏剧种，是根据当时群众的审美情趣，融合当地民歌小调，孕育成长为更贴近人民的戏曲形式。宁夏的音乐以独具地域色彩的"花儿"为代表，起源于明代初期，与甘肃和青海的花儿不同的是，宁夏"花儿"内容广泛，体裁繁多，具有粗犷浓郁的地方乡土气息和朴实鲜明的民族民俗特点，时代感十分强烈。宁夏的舞蹈主体上以汉族民间舞蹈与回族舞蹈共同发展为主要特征，秧歌、高跷、耍龙、狮舞、旱船等社火一代代传承。宁夏的美术起源于远古时期，以贺兰山岩画为代表，西夏时期表现为对中国禅宗继承及地区性的演变，元明清时期的建筑与工艺美术成就主要体现在石窟、楼阁、宫殿、明长城、董府等建筑艺术，特别值得一提的是在北京故宫博物院织绣馆珍藏的 970 余块地毯中，宁夏地毯占到一半。宁夏的民间文艺种类很丰富，流传下来的歌谣有六盘山花儿、固原小调、爬山调、信天游等，主要咏唱境内黄河纵横交织的河渠。

（四）黄河文化的时代号召——不忘初心，走好新的长征路

宁夏是马列主义传播和中国共产党建立地方组织较早的地区之一，是一个有着光荣革命斗争历史和革命传统的地区。1935 年，毛泽东同志率领红军翻越长征中最后一座大山——六盘山到达陕北，红军三大主力在将台堡会师，这是中国共产党在六盘山谱写的辉煌壮丽的革命诗篇。毛泽东主席也在此写下鼓舞士气的《清平乐·六盘山》。1936 年，盐池县建立了宁夏第一个县级红色政权——盐池县苏维埃政府，成为陕甘宁边区政府三区分区。同年，陕甘宁省豫海县回民自治政府成立，是我党领导下成立的第一个民族自治政府，开启了民族区域自治的先河。

2016 年 7 月，习近平总书记来宁夏视察时专程来到将台堡革命旧址，提出"不忘初心，走好新的长征路"的伟大号召，长征精神是中国共产党人革命风范的生动反映，我们要不断结合新的实际传承好、弘扬好，在推进中国特色社会主义伟大事业中要持续接力、长期坚持。长征精神是中华民族百折不挠、自强不息的民族精神的最高表现，是保证我们革命和建设事业从胜利走向胜利的强大精神力量，已融入黄河文化之中，也是中国人民不屈的脊梁。

习近平总书记在视察宁夏时，给宁夏把脉定向、指路定策，提出了"努力实现经济繁荣、民族团结、环境优美、人民富裕，确保与全国同步

建成全面小康社会"的目标要求。习近平总书记考察闽宁镇，看到20年来在福建省的对口帮扶下，昔日的"干沙滩"变成了"金沙滩"，老百姓过上了幸福生活，"打心眼里感到高兴"。他与村民代表座谈，深情地说：闽宁镇探索出了一条康庄大道，我们要把这个宝贵经验向全国推广。2018年，自治区成立60周年大庆时专门题写了"建设美丽新宁夏　共圆伟大中国梦"贺匾，为宁夏各项事业发展提供了重要遵循，注入了强大动力。

三、宁夏保护传承弘扬黄河文化的对策建议

宁夏唯黄河而存在，依黄河而发展，靠黄河而兴盛。

新中国成立70多年以来，宁夏通过科学治理、保护、开发利用，黄河走上了一条河流变畅、两岸变绿、流域内安居乐业的良性发展之路。保护、传承、弘扬黄河文化，讲好黄河故事，要进一步加强对黄河文化的研究阐释，深度挖掘历史文化资源展现母亲河这一中华民族精神纽带的强大凝聚力，努力让自然的黄河和文化的黄河生生不息、日益繁荣。

2019年9月18日，习近平总书记主持召开黄河流域生态保护和高质量发展座谈会并发表重要讲话强调："要坚持绿水青山就是金山银山的理念，坚持生态优先、绿色发展……保护传承弘扬黄河文化，让黄河成为造福人民的幸福河。"[1]黄河文化蕴含重要的时代价值，可以为社会主义建设提供文化支撑。

（一）大力加强黄河文化遗产保护

强化黄河文化遗产保护意识，编制黄河文化遗产保护规划，对黄河沿线文化遗产进行统一规划、统筹利用，以黄河吴忠段为核心，优化整合水利博物馆、大禹文化园、黄河大峡谷、青铜峡鸟岛、黄河坛、黄河楼、青铜峡黄河水利枢纽工程、黄河古灌区等黄河历史文化和生态资源，建设黄河文化公园，创新黄河文化展示载体和文化创意产品业态。加强文物保护单位、水利设施遗址、历史文化名镇名村、革命文物等珍贵文化遗产资源保护。健全宁夏引黄古灌区非物质文化遗产保护制度，加强保护名录体系建设。

（二）开展黄河文化资源普查

大数据时代已经到来，数据的量大、类型繁多、价值密度低、速度快和时效高等特征，均对人类驾驭数据能力提出了新的挑战，也为人们获得更为深刻、全面的洞察能力提供了前所未有的空间和途径。对于黄河文化发展而言，将普查方法与大数据相结合，不仅是对文化资源做到摸清家底、知己知彼，更重要的是将普查信息数字化，建立基础数据库。这将有利于准确掌握黄河文化资源存量、历史内涵、保护现状和空间分布等基本情况；有利于实现文化资源的信息统一、资源共享，一定程度上避免了公众对于某些文化概念的混淆，便于文化相关学术研究活动的开展，与智库形成良性互动。最终，通过对黄河文化资源大数据的利用分析，为宁夏文化事业、文化产业提供更加针对性、持续性、实践性的发展路径及举措。

符号是实现信息贮存和记忆的工具，又是表达思想情感的物质手段，具有形式表现、信息叙述、传达的功能，是信息浓缩化的载体。黄河文化资源作为人类文化的遗存与结晶，其本身就是一种符号，具有突出的设计符号价值。将层层梳理、科学分类后的黄河文化，进一步开展类别属性归纳工作，将有利于符号的准确提炼，从而精准研发文创产品，实现黄河文化资源的有效利用，"唱响新时代黄河大合唱"。

（三）做好黄河文化创意发展

"种好梧桐树，引来金凤凰"，地理特点决定了沿黄城市群是宁夏经济的战略高地，也是黄河文化蓬勃繁荣的社会因素。抓住黄河文化的核心内容，积极推进黄河文化与科技、资本、人才等生产要素的高度融合，抢占黄河文化产业发展的制高点。比如，开发黄河文化方面的视听娱乐、演绎观赏、竞技游艺等文化产品和文化服务，让黄河文化与非遗结合起来，打造"宁夏黄河文化非遗新媒体"，发展经济，需要整合传统文化资源，打造具有优势的文化产业，是提升黄河文化内涵、扩大黄河文化影响力、发展特色产业的坚实基础。只有独具特色的黄河文化品牌打出去了，天下黄河富宁夏的名声自然就传播出去了。

（四）发展黄河绿色生态旅游

古往今来，无数诗人为黄河放声歌唱。王维的《使至塞上》有"大漠孤烟直，黄河落日圆"的景象，这一千古壮观的最佳观赏地正是沙坡头，可以观赏大漠、黄河、长城、丝路四大奇观。进入新时代，围绕"塞上江南·神奇宁夏"品牌，整合"六盘山上""贺兰山下""黄河两岸""长城内外"厚重的历史文化资源和独特的自然山水资源，统筹开发好山水林田湖草资源，依托"星星的故乡""长城博物馆"，大力开发仰望星空、烽火长城、大漠黄河、户外探险、自驾旅游等特色旅游产品，推进黄河流域文化传承保护和高质量发展，加快长城文化公园、长征文化公园建设步伐，发展文化探秘、仰望星空、生态观光、健康养生、研学科考、休闲度假等新业态，重点打造酒庄游、星空游、长城游、探险游、沙漠游等精品文化旅游线路产品，培育和扶持以休闲农业、乡村度假、古镇村落、特色民宿为代表的乡村旅游新业态，推进中国户外运动目的地、中国西部健康养老休闲旅游目的地、中国贺兰山东麓葡萄酒庄休闲度假旅游目的地建设。

2016年7月，习近平总书记在宁夏视察时指出："发展全域旅游，路子是对的，要坚持走下去"。同年9月，宁夏成为第二个"国家全域旅游示范（省）区"创建单位，成为西部旅游业转型升级的领跑者。在全域旅游的大环境下，我们要将九曲黄河的婉转壮观以生动的形式、亲切的面容呈现于世人眼前，告诉世人：黄河的风情不只是在书牍中、在字画里，她是流动的、鲜活的，她更流露在黄河文化保护开发"只争朝夕"的建设里。

依托水洞沟遗址、黄河沿岸资源打造出水洞沟旅游区、港中旅（宁夏）沙坡头旅游区两家 5A 级景区。依托横城堡、一百零八塔、青铜峡拦河大坝、青铜峡黄河铁桥等文化遗产以及黄河楼、大禹文化园、黄河坛、宁夏水利博物馆等现代人文景观打造出黄沙古渡原生态旅游区、青铜峡黄河大峡谷旅游区、黄河横城旅游度假区、银川黄河军事文化博览园、青铜峡黄河楼景区、黄河坛景区等 4A 级景区及青铜峡黄河生态园、大河之舞·黄河宫景区、黄河外滩旅游景区等 3A 级景区。黄河沿岸滨河大道人文景观从中卫出发，顺黄河北上至惠农，在 500 公里的滨河大道沿线，可见河湖呼应、草木对吟，绿不断线、景不断链。

参考文献

[1]习近平.在黄河流域生态保护和高质量发展座谈会上的讲话[J].求是，2019（20）

［该文入选全区党校（行政学院〈校〉）系统黄河流域生态保护和高质量发展征文活动］

后　记

黄河是中华民族的母亲河，黄河流域在我国经济社会发展和生态安全方面具有十分重要的地位。2019 年 9 月 18 日，习近平总书记在河南郑州主持召开的黄河流域生态保护和高质量发展座谈会上指出，黄河流域生态保护和高质量发展，同京津冀协同发展、长江经济带发展、粤港澳大湾区建设、长三角一体化发展一样，是重大国家战略。黄河流域生态保护和高质量发展战略的提出，着眼中华民族伟大复兴，着眼经济社会发展大局，着眼黄河流域岁岁安澜，是黄河治理史上的一个里程碑。2020 年 6 月 8—10 日，习近平总书记视察宁夏，赋予了宁夏时代重任——努力建设黄河流域生态保护和高质量发展先行区，这是政治责任所在、全国大局所系、黄河流域所需、宁夏发展所向。

为深入学习贯彻习近平总书记在黄河流域生态保护和高质量发展座谈会上的重要讲话精神和视察宁夏重要讲话精神，推动黄河流域生态保护和高质量发展重大国家战略研究的深入开展，充分发挥党校（行政学院）"思想库"作用，2019 年 12 月，在校（院）委的高度重视下，科研处组织相关教研人员积极参加中共中央党校（国家行政学院）召开的黄河流域党校（行政学院）学习贯彻黄河流域生态保护和高质量发展重大国家战略理论研讨会，校（院）9 篇论文入会。同期，宁夏区委党校

（宁夏行政学院）组织开展全区党校（行政学院〈校〉）系统黄河流域生态保护和高质量发展理论研讨征文活动，共收到征文80篇，评选出优秀论文26篇。2020年7月20日，宁夏区委党校（宁夏行政学院）组织召开全区党校（行政学院〈校〉）系统学习宣传贯彻习近平总书记视察宁夏重要讲话精神理论研讨会，共收到征文135篇，50篇论文入选研讨会，19篇论文的主题与黄河流域生态保护和高质量发展直接相关。本文集收录的24篇论文甄选自这3次理论研讨会的入会论文。

本文集内容紧扣黄河流域生态保护和高质量发展这个主题，从宏观到微观，深入研究了黄河流域生态保护和高质量发展中的理论问题和实践问题。本文集的出版旨在引导广大党员干部把思想和行动统一到党中央的重大决策部署上，确保习近平总书记视察宁夏重要讲话精神落地生根、开花结果，扎实推进黄河流域生态保护和高质量发展先行区建设。

本文集由中共宁夏区委党校（宁夏行政学院）编，科研处相关工作人员承担了本文集的前期校对和编务工作。

由于编者和作者水平有限，文集中不足之处在所难免，敬请读者批评指正。

编　者

2020年10月